从零开始学技术—土建工程系列

钢　筋　工

吴志斌　主编

中国铁道出版社

2012年·北　京

内容提要

本书是按住房和城乡建设部、劳动和社会保障部发布的《职业技能标准》和《职业技能岗位鉴定规范》的内容，结合农民工实际情况，将农民工的理论知识和技能知识编成知识点的形式列出，系统地介绍了钢筋工的常用技能，内容包括钢筋配料与代换、钢筋加工、钢筋连接、钢筋安装、预应力钢筋施工、钢筋工程质量验收与施工安全等。本书技术内容最新、最实用，文字通俗易懂，语言生动，并辅以大量直观的图表，能满足不同文化层次的技术工人和读者的需要。

本书可作为建筑业农民工职业技能培训教材，也可供建筑工人自学以及高职、中职学生参考使用。

图书在版编目(CIP)数据

钢筋工/吴志斌主编．—北京：中国铁道出版社，2012.6
(从零开始学技术．土建工程系列)
ISBN 978-7-113-13587-4

Ⅰ．①钢… Ⅱ．①吴… Ⅲ．①建筑工程—钢筋—工程施工 Ⅳ．①TU755.3

中国版本图书馆 CIP 数据核字(2011)第 203802 号

书　　名：从零开始学技术—土建工程系列
钢　筋　工
作　　者：吴志斌

策划编辑：江新锡　徐　艳
责任编辑：徐　艳　　**电话**：010－51873193
助理编辑：李慧君
封面设计：郑春鹏
责任校对：王　杰
责任印制：郭向伟

出版发行：中国铁道出版社(100054，北京市西城区右安门西街 8 号)
网　　址：http://www.tdpress.com
印　　刷：化学工业出版社印刷厂
版　　次：2012 年 6 月第 1 版　2012 年 6 月第 1 次印刷
开　　本：850mm×1168mm　1/32　印张：6.375　字数：159 千
书　　号：ISBN 978-7-113-13587-4
定　　价：18.00 元

从零开始学技术丛书
编写委员会

前言

随着我国经济建设飞速发展，城乡建设规模日益扩大，建筑施工队伍不断增加，建筑工程基层施工人员肩负着重要的施工职责，是他们依据图纸上的建筑线条和数据，一砖一瓦地建成实实在在的建筑空间，他们技术水平的高低，直接关系到工程项目施工的质量和效率，关系到建筑物的经济和社会效益，关系到使用者的生命和财产安全，关系到企业的信誉、前途和发展。

建筑业是吸纳农村劳动力转移就业的主要行业，是农民工的用工主体，也是示范工程的实施主体。按照党中央和国务院的部署，要加大农民工的培训力度。通过开展示范工程，让企业和农民工成为最直接的受益者。

丛书结合原建设部、劳动和社会保障部发布的《职业技能标准》和《职业技能岗位鉴定规范》，以实现全面提高建设领域职工队伍整体素质，加快培养具有熟练操作技能的技术工人，尤其是加快提高建筑业基层施工人员职业技能水平，保证建筑工程质量和安全，促进广大基层施工人员就业为目标，按照国家职业资格等级划分要求，结合农民工实际情况，具体以"职业资格五级(初级工)"、"职业资格四级(中级工)"和"职业资格三级(高级工)"为重点而编写，是专为建筑业基层施工人员"量身订制"的一套培训教材。

同时，本套教材不仅涵盖了先进、成熟、实用的建筑工程施工技术，还包括了现代新材料、新技术、新工艺和环境、职业健康安全、节能环保等方面的知识，力求做到技术内容先进、实用，文字通俗易懂，语言生动，并辅以大量直观的图表，能满足不同文化层次的技术工人和读者的需要。

本丛书在编写上充分考虑了施工人员的知识需求，形象具体地阐述施工的要点及基本方法，以使读者从理论知识和技能知识两方面掌握关键点。全面介绍了施工人员在施工现场所应具备的技术及其操作岗位的基本要求，使刚入行的施工人员与上岗"零距离"接口，尽快入门，尽快地从一个新手转变成为一个技术高手。

从零开始学技术丛书共分三大系列，包括：土建工程、建筑安装工程、建筑装饰装修工程。

土建工程系列包括：

《测量放线工》、《架子工》、《混凝土工》、《钢筋工》、《油漆工》、《砌筑工》、《建筑电工》、《防水工》、《木工》、《抹灰工》、《中小型建筑机械操作工》。

建筑安装工程系列包括：

《电焊工》、《工程电气设备安装调试工》、《管道工》、《安装起重工》、《通风工》。

建筑装饰装修工程系列包括：

《镶贴工》、《装饰装修木工》、《金属工》、《涂裱工》、《幕墙制作工》、《幕墙安装工》。

本丛书编写特点：

(1)丛书内容以读者的理论知识和技能知识为主线，通过将理论知识和技能知识分篇，再将知识点按照【技能要点】的编写手法，读者将能够清楚、明了地掌握所需要的知识点，操作技能有所提高。

(2)以图表形式为主。丛书文字内容尽量以表格形式表现为主，内容简洁、明了，便于读者掌握。书中附有读者应知应会的图形内容。

编者

2012年3月

目　录

第一章　钢筋配料与代换

第一节　钢筋的配料计算

【技能要点1】钢筋下料长度计算

(1)钢筋弯钩的增加长度。钢筋的末端,根据构造要求做成弯钩时,除由弯钩引起的钢筋外包尺寸以外,需增加一定的长度值,而钢筋增加长度的多少,又与钢筋级别、弯钩形状、弯曲角度以及钢筋直径 d 等内容有关。除此之外,还需要根据弯曲直径 D 值的大小,共同确定钢筋的增加长度值。

1)钢筋末端弯钩的形状如图1—1所示。

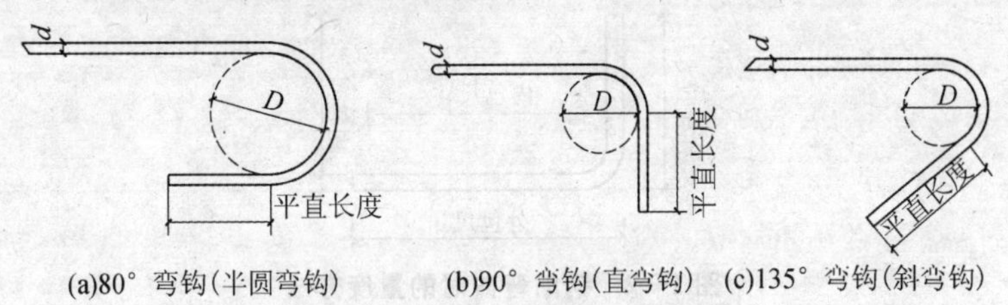

(a)80° 弯钩(半圆弯钩)　(b)90° 弯钩(直弯钩)　(c)135° 弯钩(斜弯钩)

图1—1　钢筋末端弯钩的形状

2)钢筋弯曲直径 D 的最小取值见表1—1。

表1—1　弯曲直径的最小取值规定

钢筋级别	HPB235	HRB335	HRP400
弯钩形式	180°	90°或 135°	90°或 135°
弯曲直径(D)	≥2.5 d	≥4 d	≥5 d

3)钢筋末端各种形式弯钩的增加长度计算公式如下。

①180°半圆弯钩计算公式:

$$l_z = 1.071D + 0.571d + L_P$$

②90°直变钩计算公式：

$$l_z = 0.285D - 0.215d + L_P$$

③135°斜弯钩计算公式：

$$l_z = 0.678D + 0.178d + L_P$$

式中　l_z——弯钩增加长度值；

D——弯曲直径；

d——钢筋直径；

L_P——弯钩的平直部分长度。

(2)钢筋弯曲调整值。钢筋弯曲时，外皮延伸，内皮收缩，中心尺寸不变，所以钢筋下料长度就是钢筋的中心线尺寸。由于钢筋弯曲处成弧线，而钢筋成型后测量尺寸都是指钢筋外包或内包尺寸(如图 1—2 所示)，因此，造成弯曲钢筋的量度尺寸大于钢筋下料尺寸。量度尺寸减去下料长度的差值，称为钢筋弯曲调整值。

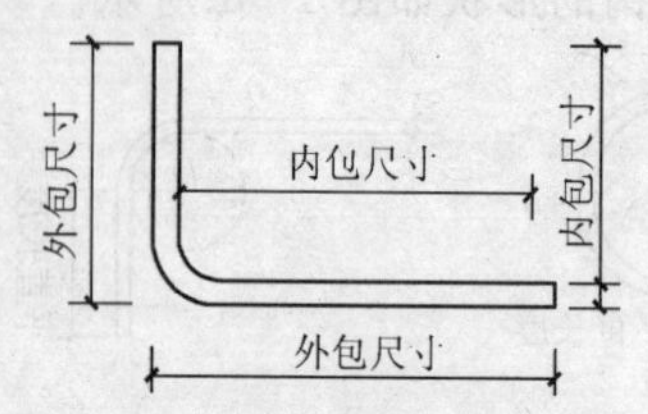

图 1—2　钢筋弯曲时的量度方法

钢筋不同弯曲角度的调整值见表 1—2。

表 1—2　钢筋不同弯曲角度的调整值

直径 d(mm) ＼ 角度 / 量度差	30°	45°	60°	90°	135°
	0.35d	0.50d	0.85d	2.00d	2.50d
6	—	—	—	12	15
8	—	—	—	16	20
10	3.5	5	8.5	20	25
12	4	6	10	24	30
14	5	7	12	28	30
16	5.5	8	13.5	32	35
18	6.5	9	15.5	36	45

续上表

直径 d(mm) \ 量度差 \ 角度	30°	45°	60°	90°	135°
	0.35d	0.50d	0.85d	2.00d	2.50d
20	7	10	17	40	50
22	8	11	19	44	55
25	9	12.5	21.5	50	62.5
28	10	14	24	56	70
32	11	16	27	64	80
36	12.5	18	30.5	72	90

(3)弯起钢筋的斜段长度可根据钢筋不同的弯起角度，如图1—3所示，查表1—3得弯起钢筋的斜边系数；计算该斜段长度时，乘以该斜边系数即可。

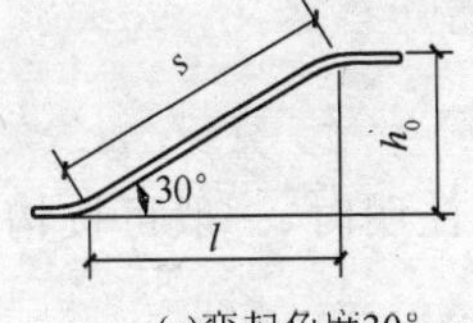

(a)弯起角度30°

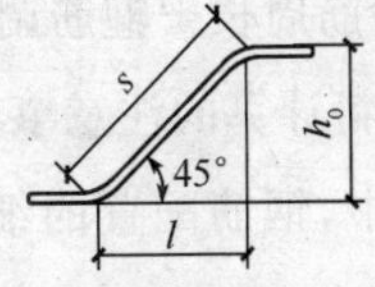

(b)弯起角度45°

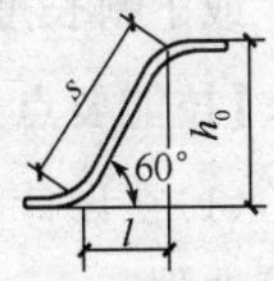

(c)弯起角度60°

图1—3　弯起钢筋斜段长计计算简图

表1—3　弯起钢筋斜长计算系数表

弯起角度 a	30°	45°	60°
斜边长度 s	$2h_0$	$1.41h_0$	$1.15h_0$
底边长度 l	$1.732h_0$	h_0	$0.575h_0$
增加长度($s-l$)	$0.268h_0$	$0.41h_0$	$0.58h_0$

(4)箍筋调整值是指钢筋弯曲增加长度与钢筋弯曲调整值两项合并而成，并根据箍筋量度的外包尺寸或内包尺寸来确定。箍筋调整值见表1—4。

表1—4　箍筋调整值

箍筋量度方法	箍筋直径(mm)			
	4～5	6	8	10～12
量外包尺寸	40	50	60	70
量内包尺寸	80	100	200	150～170

(5)钢筋下料长度的要求在保证钢筋满足以上四种规定值和混凝土保护层厚度的前提下，还要求钢筋的下料长度必须与结构构件图中钢筋长度相等。

【技能要点 2】特殊形状钢筋下料长度计算

(1)直钢筋下料长度计算公式：

下料长度＝构件长度－保护层厚度＋端部弯钩增加长度

(2)弯起钢筋下料长度计算公式：

下料长度＝直段长度＋斜段长度＋端部弯钩增加长度－弯曲调整值

(3)箍筋下料长度计算公式：

下料长度＝直段长度＋弯钩增加长度－弯曲调整值

或下料长度＝箍筋周长＋箍筋调整值

【技能要点 3】配料计算的注意事项

(1)在设计图纸中，钢筋配置的细节未注明时，一般可按构造要求处理。

(2)钢筋配料计算，除钢筋的形状和尺寸满足图纸要求外，还应考虑有利于钢筋的加工运输和安装。

(3)在满足要求前提下，尽可能利用库存规格材料、短料等，以节约钢材。在使用搭接焊和绑扎接头时，下料长度计算应考虑搭接长度。

(4)配料时，除图纸注明钢筋类型外，还要考虑施工需要的附加钢筋，如基础底板的双层钢筋网中，为保证上层钢筋网位置用的钢筋撑脚，墙板双层钢筋网中固定钢筋间距用的撑铁，梁中双排纵向受力钢筋为保持其间距用的垫铁等。

【技能要点 4】配料单的填写

(1)钢筋配料单的编制。钢筋配料单的内容包括工程及构件名称、钢筋编号、钢筋简图及尺寸、钢筋规格、下料长度、钢筋根数等。其编制方法是以表格的形式，将钢筋下料长度由配料人员按要求计算正确后填写。切不可采用设计人员在材料表上标注的下料长度尺寸。

(2)钢筋料牌的制作。采用木板或纤维板制成料牌，将每一类编号钢筋的工程及构件名称、钢筋编号、数量、规格、钢筋简图及下料长度等内容分别注写于料牌的两面，以便随着工艺流程的传送，最后系在加工好的钢筋上，作为钢筋安装工作中区别各工程项目、各类构件和各种不同钢筋的标志。

第二节　钢筋代换

【技能要点1】代换原则

(1)等强度代换：当构件受强度控制时，钢筋可按强度相等原则进行代换。

(2)等面积代换：当构件按最小配筋率配筋时，钢筋可按面积相等原则进行代换。

(3)当构件受裂缝宽度或挠度控制时，代换后应进行裂缝宽度或挠度验算。

【技能要点2】等强度代换方法

$$n_2 \geqslant \frac{n_1 d_1^2 f_{y1}}{d_2^2 f_{y2}}$$

式中　n_2——代换钢筋根数；

n_1——原设计钢筋根数；

d_2——代换钢筋直径；

d_1——原设计钢筋直径；

f_{y2}——代换钢筋抗拉强度设计值(见表1—5)；

f_{y1}——原设计钢筋抗拉强度设计值。

上式有两种特例：

(1)设计强度相同、直径不同的钢筋代换：

$$n_2 \geqslant n_1 \frac{d_1^2}{d_2^2}$$

(2)直径相同、强度设计值不同的钢筋代换：

$$n_2 \geqslant n_1 \frac{f_{y1}}{f_{y2}}$$

表 1—5　钢筋强度设计值(单位:N/mm^2)

项次	钢筋种类		符号	抗拉强度设计值 f_y	抗压强度设计值 f'_y
1	热轧钢筋	HPB235	Φ	210	210
		HRB335	Φ	300	300
		HRB400	Φ	360	360
		RRB400	Φ[R]	360	360
2	冷轧带肋钢筋	LL550	—	360	360
		LL650	—	430	380
		LL800	—	530	380

【技能要点 3】构件截面的有效高度影响

钢筋代换后,有时由于受力钢筋直径加大或根数增多而需要增加排数,则构件截面的有效高度 h_0 减小,截面强度降低。通常对这种影响可凭经验适当增加钢筋面积,然后再作截面强度复核。

对矩形截面的受弯构件,可根据弯矩相等,按下式复核截面强度:

$$N_2\left(h_{02}-\frac{N_2}{2f_cb}\right) \geqslant N_1\left(h_{01}-\frac{N_1}{2f_cb}\right)$$

式中　N_1——原设计的钢筋拉力,等于 $A_{s1} \cdot f_{y1}$(A_{s1}——原设计钢筋的截面面积,f_{y1}——原设计钢筋的抗拉强度设计值);

N_2——代换钢筋拉力,同上;

h_{01}——原设计钢筋的合力点至构件截面受压边缘的距离;

h_{02}——代换钢筋的合力点至构件截面受压边缘的距离;

f_c——混凝土的抗压强度设计值,对 C20 混凝土为 9.6 N/mm^2,对 C25 混凝土为 11.9 N/mm^2,对 C30 混凝土为 14.3 N/mm^2;

b——构件截面宽度。

【技能要点4】代换注意的问题

(1)对某些重要构件,如吊车梁、薄腹梁、彬架下弦等,不宜用HPB235级光圆钢筋代替HRB335和HRB400级带肋钢筋。

(2)钢筋代换后,应满足配筋构造规定,如钢筋的最小直径、间距、根数、锚固长度等。

(3)同一截面内,可同时配有不同种类和直径的代换钢筋,但每根钢筋的拉力差不应过大(如同品种钢筋的直径差值一般不大于5 mm),以免构件受力不匀。

(4)梁的纵向受力钢筋与弯起钢筋应分别代换,以保证正截面与斜截面强度。

(5)偏心受压构件(如框架柱、有吊车厂房柱、桁架上弦等)或偏心受拉构件作钢筋代换时,不取整个截面配筋量计算,应按受力面(受压或受拉)分别代换。

(6)当构件受裂缝宽度控制时,如以小直径钢筋代换大直径钢筋,强度等级低的钢筋代替强度等级高的钢筋,则可不作裂缝宽度验算。

第二章　钢筋加工

第一节　除锈与调直

【技能要点1】钢筋除锈

(1)人工除锈

人工除锈的常用方法一般是用钢丝刷、砂盘、麻袋布等轻擦或将钢筋在砂堆上来回拉动除锈。砂盘除锈示意图，如图2—1所示。

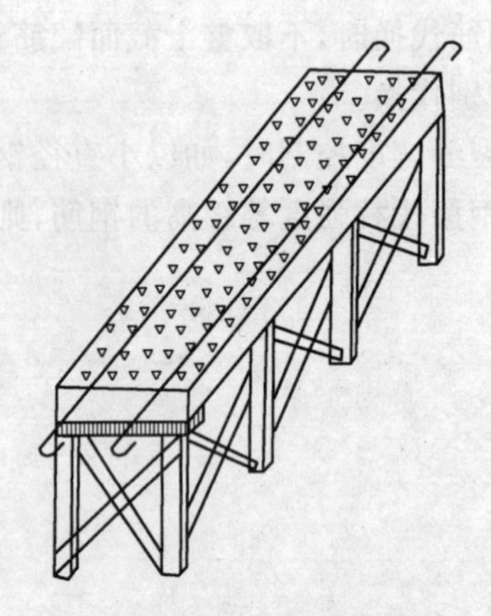

图2—1　砂盘除锈示意图

(2)机械除锈

机械除锈有钢筋除锈机除锈和喷砂法除锈。钢筋除锈机除锈操作如下：对直径较细的盘条钢筋，通过冷拉和调直过程自动去锈；粗钢筋采用圆盘钢丝刷除锈机除锈。

钢筋除锈机有固定式和移动式两种，一般由钢筋加工单位自制，是由动力带动圆盘钢丝刷高速旋转，来清刷钢筋上的铁锈。

固定式钢筋除锈机一般安装一个圆盘钢丝刷，如图2—2所示。为提高效率,也可将两台除锈机组合,如图 2—3 所示。

喷砂法除锈操作如下:主要是用空气压缩机、储砂罐、喷砂管、喷头等设备,利用空气压缩机产生的强大气流形成高压砂流除锈,适用于大量除锈工作,除锈效果好。

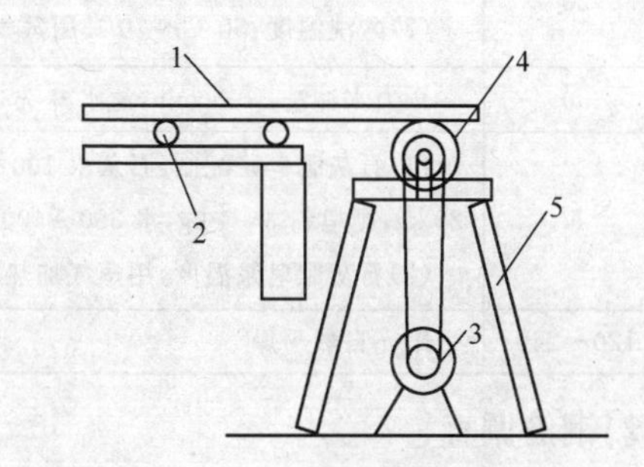

图 2—2　固定式钢筋除锈机

1—钢筋;2—擴道;3—电动机;4—钢丝刷;5—机架

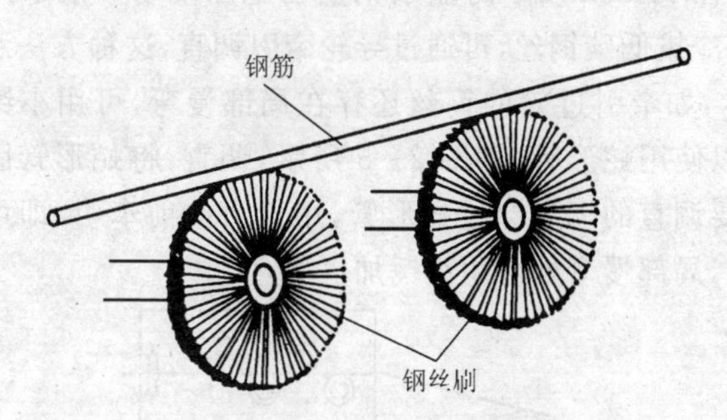

图 2—3　组合后的除锈机

(3)酸洗法除锈

当钢筋需要进行冷拔加工时,用酸洗法除锈。酸洗除锈是将盘圆钢筋放入硫酸或盐酸溶液中,经化学反应除铁锈;但在酸洗除锈前,通常先进行机械除锈,这样可以缩短 50%酸洗时间,节约 80%以上的酸液。酸洗除锈流程和技术参数,见表 2—1。

在除锈过程中发现钢筋表面的氧化铁皮鳞落现象严重并损伤钢筋截面,或在除锈后钢筋表面有严重的麻坑、斑点伤蚀截面时,应降级使用或剔除不用。

表 2—1　酸洗除锈流程和技术参数

工序名称	时间(min)	设备及技术参数
机械除锈	5	倒盘机，ϕ6 台班产量约 5～6 t
酸洗	20	(1)硫酸液浓度：循环酸洗法 15%左右。 (2)酸洗温度：50 ℃～70 ℃用蒸气加热
清洗及除锈	30	压力水冲洗 3～5 min，清水淋洗 20～25 min
沾石灰肥皂浆	5	(1)石灰肥皂浆配制：石灰水 100 kg，动物油 15～20 kg，肥皂粉 3～4 kg，水 350～400 kg。 (2)石灰肥皂浆温度，用蒸气加热
干燥	120～240	阳光自然干燥

【技能要点 2】钢筋调直

(1)手工平直

直径在 10 mm 以下的盘条钢筋在施工现场一般采用手工调直。对于冷拔低碳钢丝，可通过导轮牵引调直，这种方法示意见图 2—4 所示，如牵引过轮的钢丝还存在局部慢弯，可用小锤敲打平直；也可以使用蛇形管，如图 2—5 所示，调直，将蛇形管固定在支架上，需要调直的钢丝穿过蛇形管，用人力向前牵引，即可将钢丝基本调直，局部慢弯处可用小锤加以平直。

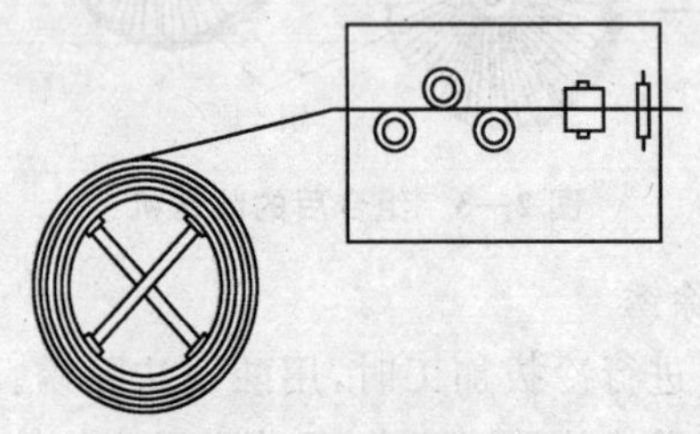

图 2—4　导轮牵引调查

图 2—5 所示为蛇形管调直架。盘条钢筋可采用绞盘拉直，如图 2—6 所示。对于直条粗钢筋一般弯曲较缓，可就势用手扳手扳直。

(2)机械平直

机械平直是通过钢筋调直机实现的，钢筋调直机一般也有切断钢筋的功能，因此通称钢筋调直切断机。这类设备适用于处理冷拔低碳钢丝和直径不大于 14 mm 的细钢筋。粗钢筋也可以应用机械平直。由于没有国家定型设备,故对于工作量很大的单位,可自制平直机械,一般制成机械锤形式,用平直锤锤压弯折部位。粗钢筋也可以利用卷扬机结合冷拉工序进行平直。根据《混凝土结构工程施工质量验收规范》(GB 50204—2002)中 5.2.4“条文说明”:“弯折钢筋不得调直后作为受力钢筋使用”. 因此粗钢筋应注意在运输、加工、安装过程中的保护,弯折后经调直的粗钢筋只能作为非受力钢筋使用。

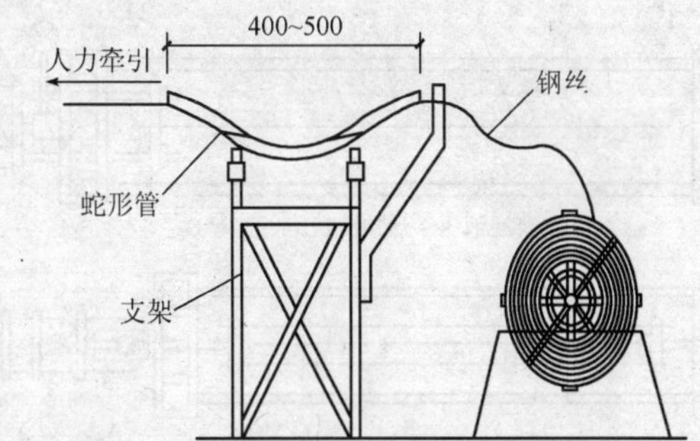

图 2—5　蛇形管调直架(单位:mm)

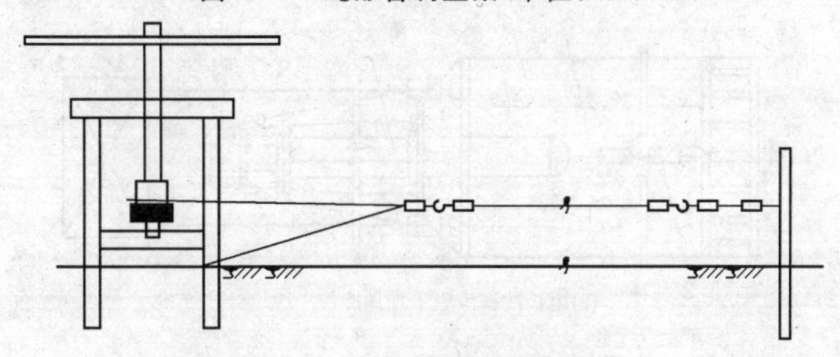

图 2—6　绞盘拉直装置示意图

调直机简介

调直机原理如图 2—7 所示。目前它已发展成多功能机械,有除锈、调直及切断等功能,对小钢筋可以一次性完成多种操作。

采用液压千斤顶的冷拉装置如图 2—8 所示。其中(c)、(d)使用长冲程液压千斤顶,其自动化程度及生产效率较高。

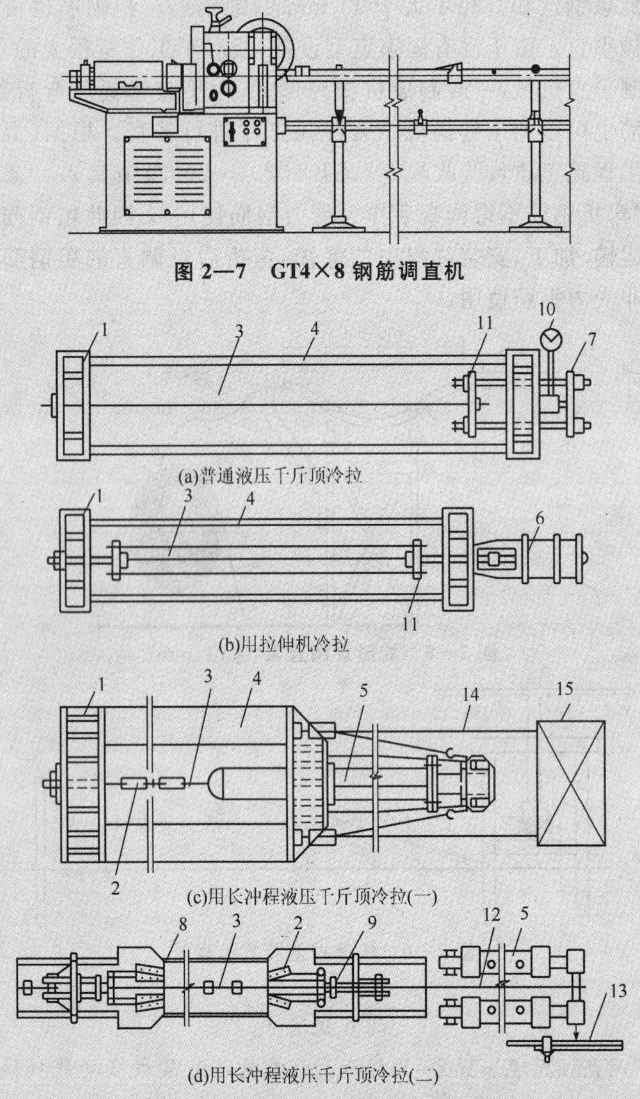

图 2—7 GT4×8 钢筋调直机

图 2—8 用液压千斤顶的冷拉装置

1—横梁；2—夹具；3—钢筋；4—台座压柱或预制构件；5—长冲程液压千斤顶(活塞行程1.00～1.40 m)；6—拉伸机；7—普通液压千斤顶；8—工字钢轨道；9—油缸；10—压力表；11—传力架；12—拉杆；13—充电计算装置；14—钢丝绳；15—荷重架

此外，数控钢筋调直切断机也有较多应用，数控钢筋调直切断机是在原有调直机的基础上应用电子控制仪，准确控制钢丝断料长度，并自动计数。该机的工作原理，如图2—9所示。在该机摩擦轮（周长100 mm）的同轴上装有一个穿孔光电盘（分为100等分），光电盘的一侧装有一只小灯泡，另一侧装有一只光电管。当钢筋通过摩擦轮带动光电盘时，灯泡光线通过每个小孔照射光电管，就被光电管接收而产生脉冲信号（每次信号为1 mm钢筋长），控制仪长度部位数字上立即示出相应读数。当信号积累到给定数字（即钢丝调直到所指定长度）时，控制仪立即发出指令，使切断装置切断钢丝。与此同时长度部位数字回到零，根数部位数字示出根数，这样连续作业，当根数信号积累至给定数字时，即自动切断电源，停止运转。

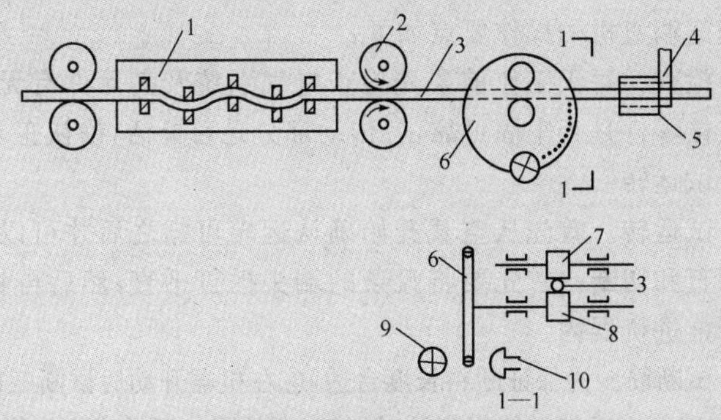

图2—9　数控钢筋调直切断机

1—调直装置；2—牵引轮；3—钢筋；4—上刀口；5—下刀口；
6—光电盘；7—压轮；8—摩擦轮；9—灯泡；10—光电管

钢筋数控调直切断机已在有些构件厂采用，断料精度高（偏差仅约1～2 mm），并实现了钢丝调直切断自动化。采用此机时，要求钢丝表面光洁，截面均匀，以免钢丝移动时速度不匀，影响切断长度的精确性。

细钢筋用的钢筋调直机有多种型号，按所能调直切断的钢筋直径区分，常用的有三种，GT 1.6/4、GT 3/8、GT 6/12。另有一种可调直直径更大的钢筋，型号为GT 10/16（型号标志中斜线两侧数字表示所能调直切断的钢筋直径大小的上下限。一般称直径不大于 14 mm 的钢筋为“细钢筋”)。

工地上常用的钢筋调直机一般是 GT 3/8 型,它的外形如图 2—10 所示。

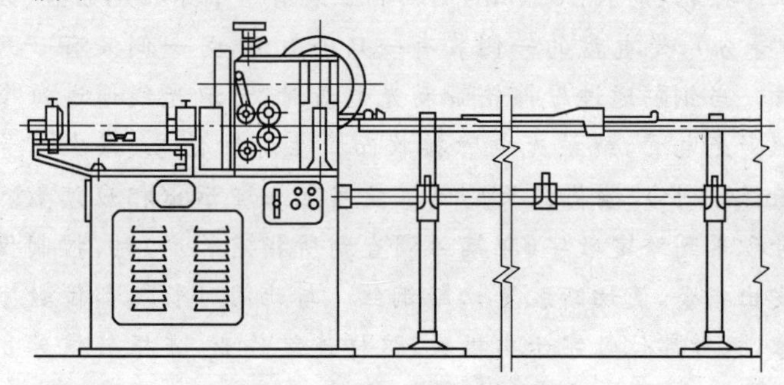

图 2—10　GT 3/8 型钢筋调直机

钢筋调直机的操作要点如下：

1)检查。每天工作前要先检查电气系统及其元件有无毛病,各种连接零件是否牢固可靠,各传动部分是否灵活,确认正常后方可进行试运转。

2)试运转。首先从空载开始确认运转可靠之后才可以进料、试验调直和切断。首先要将盘条的端头捶打平直,然后再将它从导向套推进机器内。

3)试断筋。为保证断料长度台适,应在机器开动后试断三四根钢筋检查,以便出现偏差能得到及时纠正(调整限位开关或定尺板)。

4)安全要求。盘圆钢筋放入放圈架上要平稳,如有乱丝或钢筋脱架时,必须停车处理。操作人员不能离机械过远,以防发生故障时不能立即停车造成事故。

5)安装承料架。承料架槽中心线应对准导向套、调直筒和剪切孔槽中心线,并保持平直。

6)安装切刀。安装滑动刀台上的固定切刀,保证其位置正确。

7)安装导向管。在导向套前部,安装 1 根长度约为 1 m 的导向钢管,需调直的钢筋应先穿入该钢管,然后穿过导向套和调直筒,以防止每盘钢筋接近调直完毕时其端头弹出伤人。

第二节　切断与弯曲成型

【技能要点1】钢筋切断

(1)切断前的准备工作

为获得最佳的经济效果,钢筋切断前应做好以下准备工作。

1)复核:根据钢筋配料单,复核料牌上所标注的钢筋直径、尺寸、根数是否正确。

2)下料方案:根据工地的库存钢筋情况做好下料方案,长短搭配,尽量减少损耗。

3)量度准确:避免使用短尺量长料,防止产生累计误差。

4)试切钢筋:调试好切断设备,试切1～2根,尺寸无误后再成批加工。

(2)切断方法

钢筋切断方法分为人工切断与机械切断。

1)手工切断操作如下。

切断钢丝可用断线钳,其形状如图2—11所示。

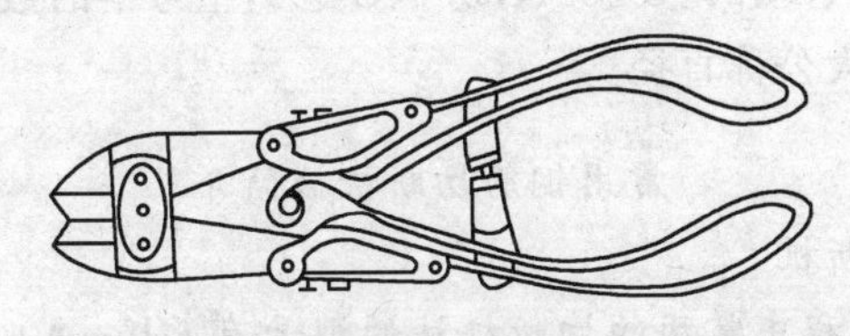

图2—11　断线钳

切断直径为16 mm以下的HPB235钢筋可用图2—12所示的手压切断器。这种切断器一般可自制,由固定刀口、活动刀口、边夹板、把柄、底座等组成。

切断直径不超过16 mm的钢筋,可以用SYJ-16型手动液压切断器。

一般工地上也常用称为“克子”的切断器,如图2—13所示,使用克子切断器时,将下克插在铁砧的孔里,钢筋放在下克槽内,上克边紧贴下克边,用锤打击上克将钢筋切断。

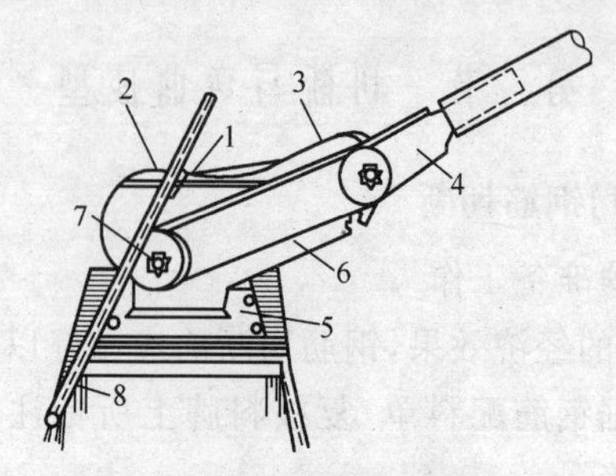

图 2—12 手压切断器

1—固定刀口；2—活动刀口；3—边夹板；

4—把柄；5—底座；6—固定板；7—轴；8—钢筋

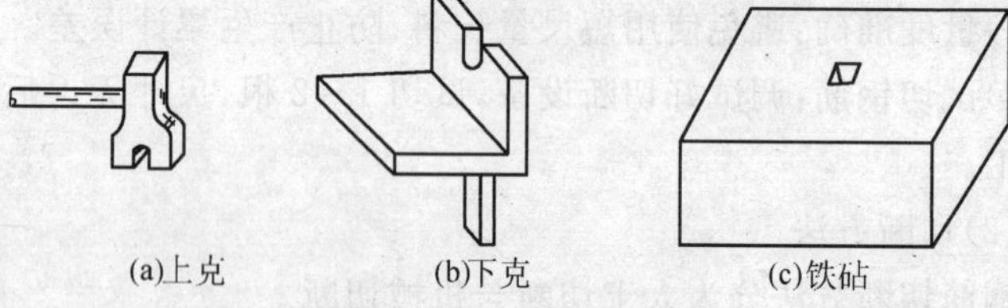

图 2—13 克子切断器

2)常用的钢筋切断机械有 GQ40，其他型号还有 GQ12、GQ20、GQ35、GQ25、GQ32、GQ50、GQ65，型号中的数字表示可切断钢筋的最大公称直径。

常用钢筋切断机械简介

(1)切断机

目前工程中常用的切断机械的型号有 GJ5—40 型、QJ40—1 型、GJ5Y—32 型等三种。

切断机使用要点：

1)开机前要先检查机器各部结构是否正常——刀片是否牢固，电动机、齿轮等传动机构处有无杂物，检查后认为安全正常才可开机。

2)钢筋放入时要和切断机刀口垂直，钢筋要摆正摆直。

3)切忌超载。不能切断超过刀片硬度的钢材。

4)工作完毕必须切断电源，锁上电箱。

(2)手动液压切断器

手动液压切断器,如图2—14所示。型号为GJ5Y-16,切断力80 kN,活塞行程为30 mm,压柄作用力220 N,总重量6.5 kg,可切断直径16 mm以下的钢筋。这种机具有体积小,重量轻,操作简单,便于携带的优点。

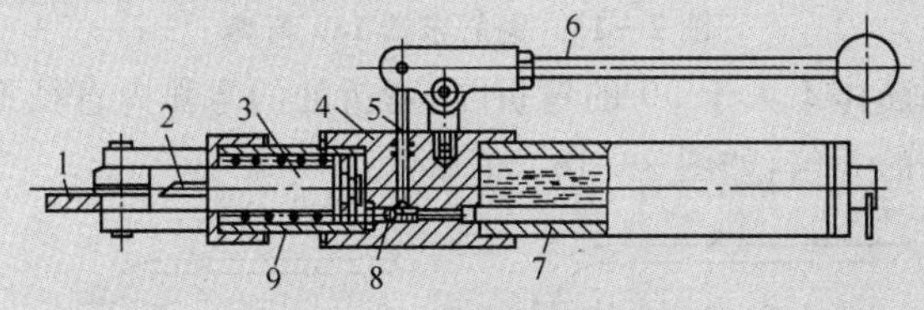

图2—14　手动液压切断器

1—滑轨;2—刀片;3—活塞;4—缸体;5—柱塞;6—压杆;7—储油筒;8—吸油阀;9—回位弹簧

钢筋切断机操作的注意事项如下:

①检查。使用前应检查刀片安装是否牢固,润滑油是否充足,并应在开机空转正常以后再进行操作。

②切断。钢筋应调直以后再切断,钢筋与刀口应垂直。

③安全。断料时应握紧钢筋,待活动刀片后退时及时将钢筋送进刀口,不要在活动刀片已开始向前推进时,向刀口送料,以免断料不准,甚至发生机械及人身事故;长度在30 cm以内的短料,不能直接用手送料切断;禁止切断超过切断机技术性能规定的钢材以及超过刀片硬度或烧红的钢筋;切断钢筋后,刀口处的屑渣不能直接用手清除或用嘴吹,而应用毛刷刷干净。

【技能要点2】钢筋弯钩、弯折的规定

(1)受力钢筋的弯钩和弯折应符合下列规定。

1)HPB235级钢筋末端应作180°弯钩,其弯弧内直径不应小于钢筋直径的2.5倍,弯钩的弯后平直部分长度不应小于钢筋直径的3倍,如图2—15所示。

2)当设计要求钢筋末端需作135°弯钩时,HRB335级、HRB400级钢筋的弯弧内直径不应小于钢筋直径的4倍,如图2—16(a)所示,弯钩的弯后平直部分长度应符合设计要求。

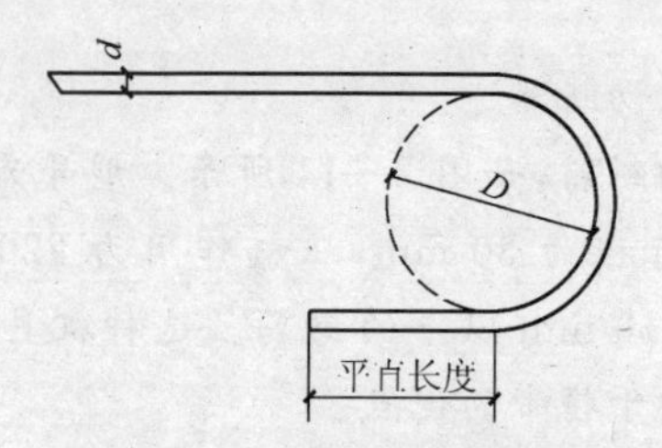

图 2—15 钢筋末端 180°弯钩

3)钢筋作不大于 90°的弯折时,弯折处的弯弧内直径不应小于钢筋直径的 5 倍,如图 2—16(b)所示。

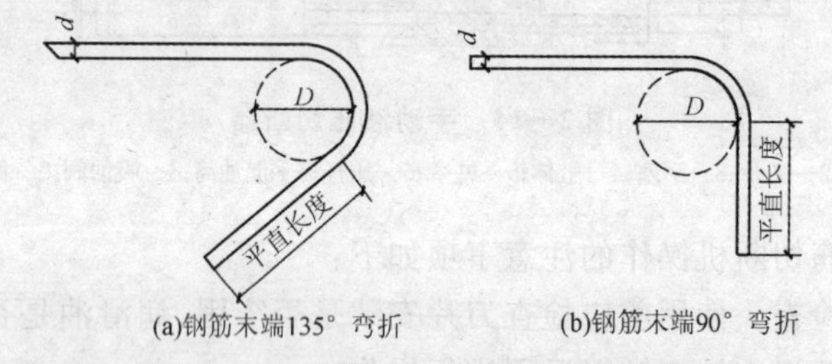

(a)钢筋末端135° 弯折 (b)钢筋末端90° 弯折

图 2—16 钢筋末端的 90°或 135°弯钩

(2)除焊接封闭环式箍筋外、箍筋的末端应作弯钩,弯钩形式应符合设计要求;当设计无具体要求时,应符合下列规定。

1)箍筋弯钩的弯弧内直径除应满足上述的规定外,还应不小于受力钢筋直径。

2)箍筋弯钩的弯折角度对一般结构,不应小于 90°;对有抗震等要求的结构,应为 135°。

3)箍筋弯后平直部分长度对一般结构,不宜小于箍筋直径的 5 倍;对有抗震等要求的结构,不应小于箍筋直径的 10 倍。

弯钩的形式,可按图 2—17 所示加工,对有抗震要求和受扭的结构,应按图 2—17(c)所示加工。

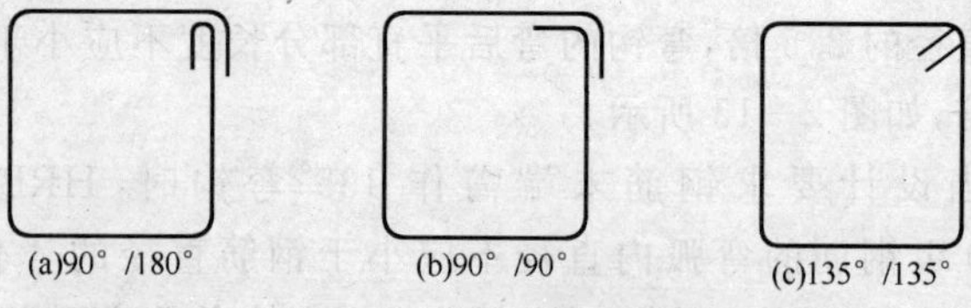

(a)90° /180° (b)90° /90° (c)135° /135°

图 2—17 箍筋示意图

【技能要点3】钢筋弯曲划线

钢筋弯曲前，对形状复杂的钢筋(如弯起钢筋)，根据钢筋料牌上标明的尺寸，用石笔将各弯曲点位置划出。常见的钢筋弯曲形状如图2—18所示。划线时应注意以下几点：

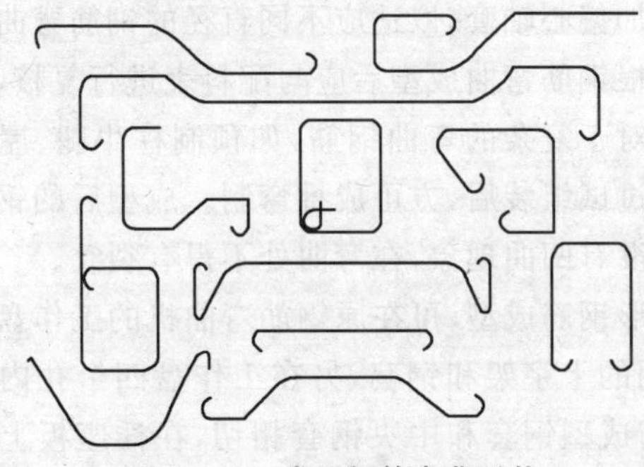

图2—18　常见钢筋弯曲形状

(1)根据不同的弯曲角度扣除弯曲调整值，其扣法是从相邻两段长度中各扣一半。

(2)钢筋端部带半圆弯钩时，该段长度划线时增加0.5d(d为钢筋直径)。

(3)划线工作宜从钢筋中线开始向两边进行；两边不对称的钢筋，也可从钢筋一端开始划线，如划到另一端有出入时，则应重新调整。

【技能要点4】钢筋弯曲成型的方法

(1)手工弯曲直径12 mm以下细筋可用手摇扳手，弯曲粗钢筋可用铁板扳柱和横口扳手。

(2)弯曲粗钢筋及形状比较复杂的钢筋(如弯起钢筋、牛腿钢筋)时，必须在钢筋弯曲前，根据钢筋料牌上标明的尺寸，用石笔将各弯曲点位置划出。

划线时应根据不同的弯曲角度扣除弯曲调整值，其扣法是从相邻两段长度中各扣一半。钢筋端部带半圆弯钩时，该段长度划线时增加0.5d(d为钢筋直径)，划线工作宜在工作台上从钢筋中线开始向两边进行，不宜用短尺接量，以免产生误差积累。

(3)弯曲细钢筋(如架立钢筋、分布钢筋、箍筋)时,可以不划线,而是在工作台上按各段尺寸要求,钉上若干标志,按标志进行操作。

(4)钢筋在弯曲机上成型时,心轴直径应为钢筋直径的 2.5 倍,成型轴宜加偏心轴套,以适应不同直径的钢筋弯曲需要。

(5)第一根钢筋弯曲成型后应与配料表进行复核,符合要求后再成批加工;对于复杂的弯曲钢筋,如预制柱牛腿、屋架节点等宜先弯一根,经过试组装后,方可成批弯制。成型后的钢筋要求形状正确,平面上没有凹曲现象,在弯曲处不得有裂纹。

(6)曲线形钢筋成型,可在原钢筋弯曲机的工作盘中央加装一个推进钢筋用的十字架和钢套,另在工作盘四个孔内插上顶弯钢筋用的短轴与成型钢套和中央钢套相切,在插座板上加工挡轴圆套,如图 2—19(a)所示,插座板上挡轴钢套尺寸可根据钢筋曲线形状选用。

(7)螺旋形钢筋成型,小直径可用手摇滚筒成型,较粗(ϕ16～ϕ30)钢筋可在钢筋弯曲机的工作盘上安设一个型钢制成的加工圆盘,如图 2—19(b)所示,圆盘外径相当于需加工螺栓筋(或圆箍筋)的内径,插孔相当于弯曲机板柱间距,使用时将钢筋一端固定,即可按一般钢筋弯曲加工方法弯成所需螺旋形钢筋。

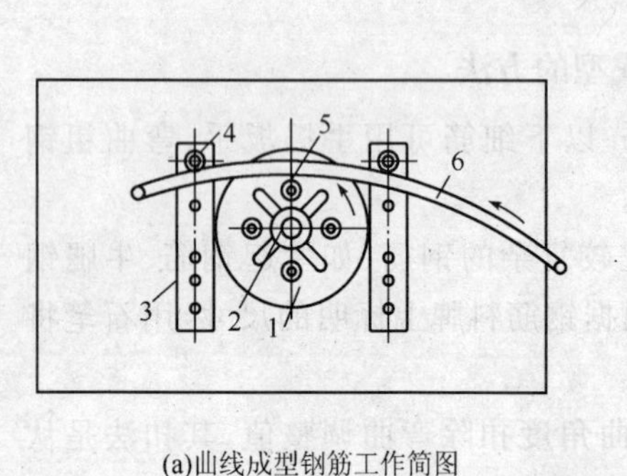

(a)曲线成型钢筋工作简图

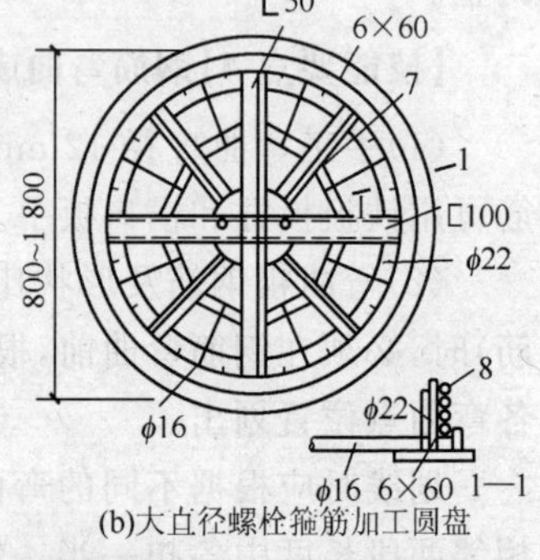

(b)大直径螺栓箍筋加工圆盘

图 2—19　曲线钢筋成型装置

1—工作盘;2—十字撑及圆套;3—插座板;4—挡轴圆套;5—桩柱及圆套;6—钢筋;7—板插孔(间距 250 mm);8—螺栓钢筋

弯曲机的使用要点

（1）弯曲操作前应充分了解工作盘的速度和允许弯曲钢筋直径的范围，并先试弯一根钢筋摸索一下规律，然后根据曲度大小来控制开关。

（2）正式大量弯曲成型前，应检查机械的各部件、油杯以及蜗轮箱内的润滑油是否充足。并进行空载试运转，待试运转正常后，再正式操作。

（3）不允许在运转过程中更换芯轴，成型轴也不要在运转过程中加油或清扫。

（4）弯曲机要有地线接地，电源安装在闸刀开关上。

（5）每次工作完毕，要及时清除工作盘及插座内的铁屑及杂物等。

【技能要点5】常用钢筋类型弯曲调整值

在实际操作中可按有关计算方法求弯曲调整值，亦可根据各地实际情况确定。表2—2是一组经验弯曲调整值。

表2—2　钢筋弯曲调整值

钢筋弯曲简图	钢筋弯曲调整值	钢筋弯曲简图	钢筋弯曲调整值
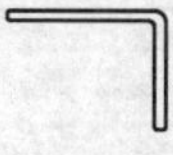	2d	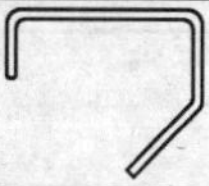	4.5d(5d)
	4d	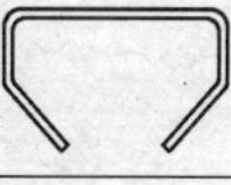	0.5d(6d)
	0.5d(1d)		0.5d(1d)
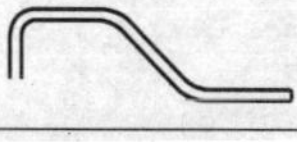	2.5d(3d)	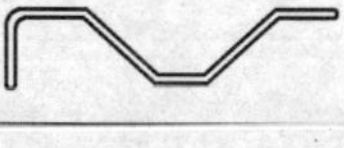	3d(4d)
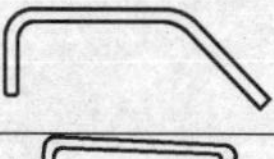	2.5d(3d)	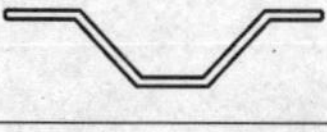	1d(6d)
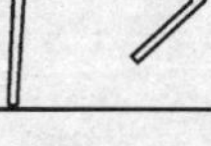	2.5d	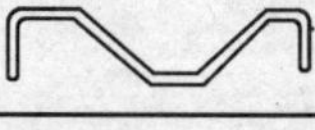	5d(6d)

续上表

钢筋弯曲简图	钢筋弯曲调整值	钢筋弯曲简图	钢筋弯曲调整值
	$4d$		0
$D/2$ d l D	下料 $1.571(D+d)2l$		$8d$
$D/2$ d l a D a	下料 $1.571(D+d)+2(l+a)-4d$	d D_1 D_2	下料 $3.1416(D_1+d)$ 或 $3.1416(D_2-d)$
	0	(内皮)	0

第三章　钢筋连接

第一节　绑扎连接

【技能要点1】准备工作

(1)图纸、资料的准备

1)熟悉施工图。施工图是钢筋绑扎安装的依据。熟悉施工图的目的是弄清各个编号的钢筋形状、标高、细部尺寸、安装部位,钢筋的相互关系,确定各类结构钢筋正确合理的绑扎顺序。同时若发现施工图有划漏或不明确的地方,应及时与有关部门联系解决。

2)核对配料单及料牌。依据施工图,结合标准对接头位置、数量、间距的要求,核对配料单及料牌单的规定,有无错配、漏配。

3)确定施工方法。根据施工组织设计中对钢筋安装时间和进度的要求,研究确定相应的施工方法。

(2)工具、材料的准备

1)工具准备。备好扳手、钢丝、小撬棍、马架、钢筋钩、画线尺、垫块或塑料定位卡、撑铁(骨架)等常用工具。

2)了解现场施工条件。包括运输路线是否畅通,材料堆放地点是否合理等。

3)检查钢筋的锈蚀情况,确定是否除锈和采用哪种除锈方法等。

(3)现场施工的准备

1)施工图放样。按施工图的钢筋安装部位绘出若干样图,样图经校核无误后,才可作为绑扎依据。

2)钢筋位置放线。若梁、板、柱类型较多时,为避免混乱和差错,还应在模板上标示各种型号构件的钢筋规格、形状和数量。为使钢筋绑扎正确,一般先在结构模板上用粉笔按施工图标明的间距画线,作为摆料的依据。通常平板或墙板钢筋在模板上画线,柱箍筋在两根对角线主筋上画点，梁箍筋在架立钢筋上画点，基础的钢筋则在固定架上画线或在两向各取一根钢筋上画点。钢筋接头按位置、数量的要求，在模板上画出。

3)做好自检、互检及交接检工作。在钢筋绑扎安装前，应会同施工人员及木工、水电安装工等有关工种，共同检查模板尺寸、标高，确定管线、水电设备等的预埋和预留工作。

(4)混凝土施工过程中的注意事项如下：

1)在混凝土浇筑过程中，混凝土的运输应有自己独立的通道。运输混凝土不能损坏成品钢筋骨架，应在混凝土浇筑时派钢筋工现场值班，及时修整移动的钢筋或扎好松动的绑扎点。

2)混凝土施工缝不应随意留置，其位置应事先在施工技术方案中确定，应尽可能留置在受剪力较小的部位，并且要便于施工。钢筋工应在混凝土再次浇筑前，认真调整混凝土施工缝部位的钢筋。

【技能要点2】钢筋绑扎施工工艺

(1)钢筋绑扎的常用工具

1)钢筋钩。钢筋钩是用得最多的绑扎工具，其基本形式，如图3—1所示。常用直径为12～16 mm、长度为160～200 mm的圆钢筋加工而成，根据工程需要还可以在其尾部加上套筒或小板口等。

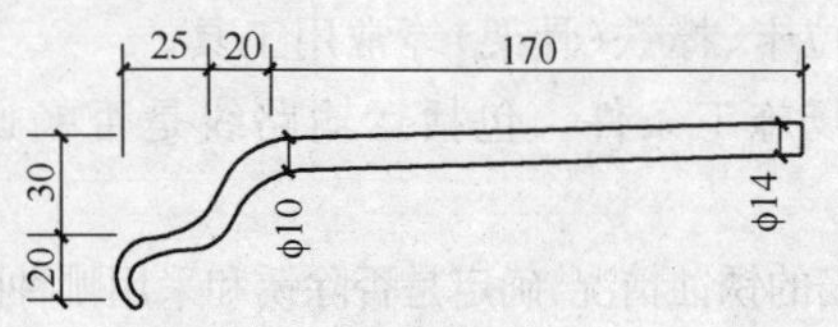

图3—1　钢筋钩(单位:mm)

2)小撬棍。主要用来调整钢筋间距、矫直钢筋的局部弯曲、垫保护层垫块等，其形式如图3—2所示。

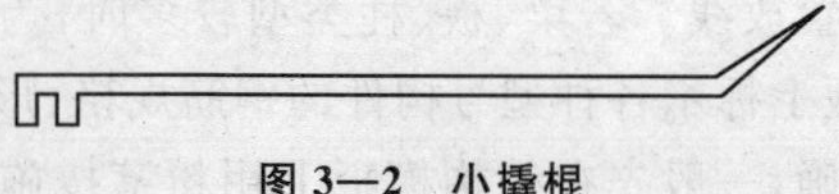

图3—2　小撬棍

3)起拱扳手。板的弯起钢筋需现场弯曲成型时，可以在弯起钢筋与分布钢筋绑扎成网片以后，再用起拱扳手将钢筋弯曲成形。起拱扳手的形状和操作方法，如图 3—3 所示。

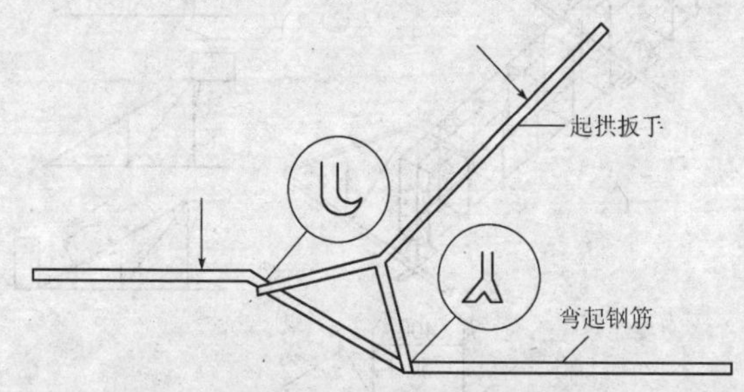

图 3—3　起拱扳手及操作

4)绑扎架。为了确保绑扎质量，绑扎钢筋骨架必须用钢筋绑扎架，根据绑扎骨架的轻重、形状，可选用，如图 3—4～图 3—6 所示的相应形式绑扎架。其中图 3—4 所示为轻型骨架绑扎架，适用于绑扎过梁、空心板、槽形板等钢筋骨架；图 3—5 所示为重型骨架绑扎架，适用于绑扎重型钢筋骨架；图 3—6 所示为坡式骨架绑扎架，具有重量轻、用钢量省、施工方便(扎好的钢筋骨架可以沿绑扎架的斜坡下滑)等优点，适用于绑扎各种钢筋骨架。

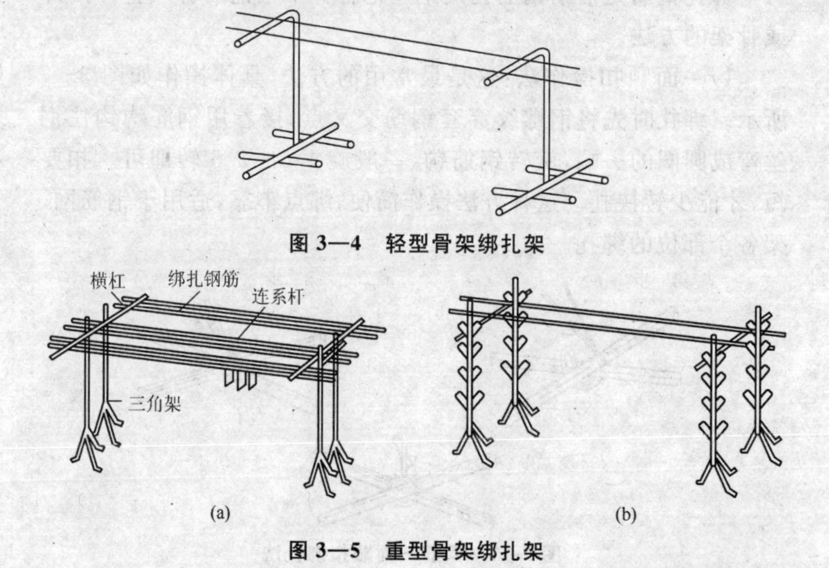

图 3—4　轻型骨架绑扎架

图 3—5　重型骨架绑扎架

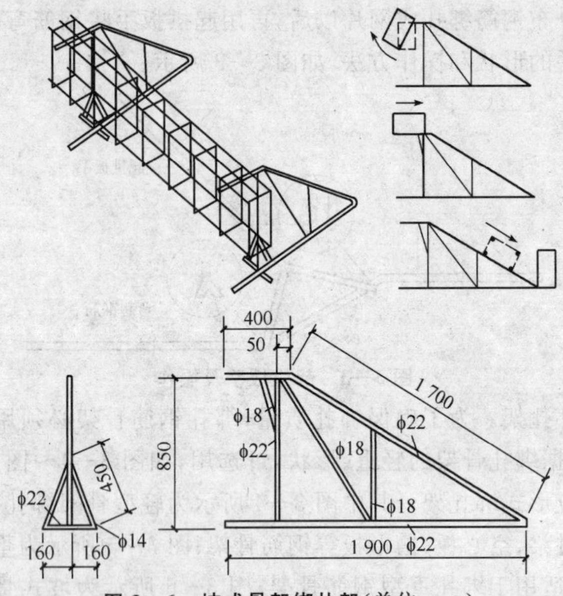

图 3—6　坡式骨架绑扎架(单位:mm)

(2)钢筋绑扎的操作方法

绑扎钢筋是借助钢筋钩用钢丝把各种单根钢筋绑成整体网片或骨架的方法。

1)一面顺扣操作法:这是最常用的方法,具体操作如图 3—7 所示。绑扎时先将钢螺纹穿套钢筋交叉点,接着用钢筋钩钩住钢丝弯成圆圈的一端,旋转钢筋钩,一般旋 1.5～2.5 转即可。扣要短,才能少转快扎。这种方法操作简便,绑点牢靠,适用于钢筋网、架各个部位的绑扎。

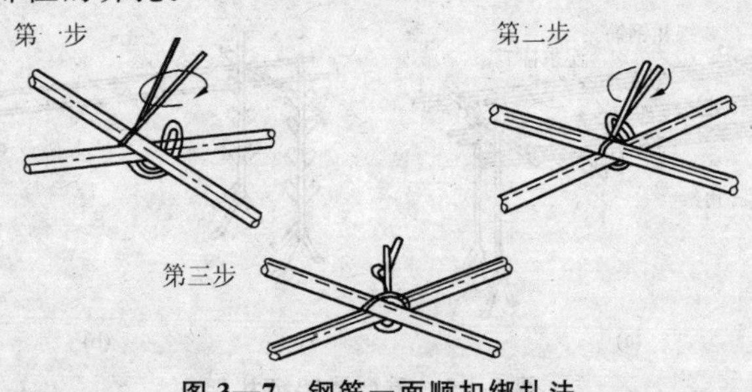

图 3—7　钢筋一面顺扣绑扎法

2)其他操作法:钢筋绑扎除一面顺扣操作之外,还有十字花扣、反十字花扣、兜扣、缠扣、兜扣加缠、套扣等。这些方法主要根据绑扎部位的实际需要进行选择,其形式如图 3—8 所示。

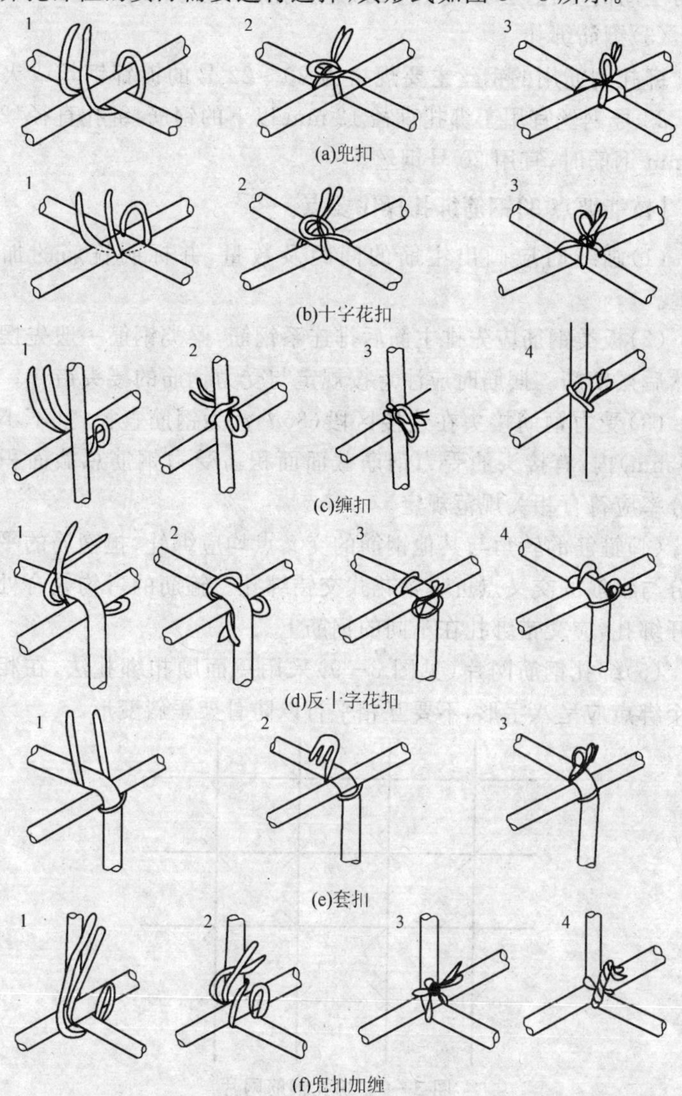

图 3—8　钢筋绑扎方法

十字花扣、兜扣适用于平板钢筋网和箍筋处绑扎；缠扣主要用于墙钢筋和柱箍的绑扎；反十字花扣、兜扣加缠适用于梁骨架的箍筋与主筋的绑扎；套扣用于梁的架立钢筋和箍筋和绑口处。

(3)钢筋绑扎

绑扎钢筋用的钢丝主要规格为 20～22 号的镀锌钢丝或火烧丝。22 号钢丝宜用于绑扎直径 12 mm 以下的钢筋，绑扎直径12～25 mm 钢筋时，宜用 20 号钢丝。

【技能要点 3】钢筋绑扎操作要点

(1)画线时应画出主筋的间距及数量，并标明箍筋的加密位置。

(2)板类钢筋应先排主筋后排连系钢筋，梁类钢筋一般先摆纵筋然后摆横筋。摆筋时应注意按规定与受力钢筋的接头错开。

(3)受力钢筋接头在连接区段(35d，d 为钢筋直径，且不小于 500 mm)内，有接头的受力钢筋截面面积占受力钢筋总截面面积的百分率应符合相关规范规定。

(4)箍筋的转角与其他钢筋的交叉点均应绑轧，担箍筋的平直部分与钢筋的交叉点可呈梅花式交错绑扎。箍筋的弯钩叠合处应错开绑扎，应交错绑扎在不同的钢筋上。

(5)绑扎钢筋网片(见图 3—9)采用一面顺扣绑扎法，在相邻两个绑点应呈八字形，不要互相平行以防骨架歪斜变形。

图 3—9　绑扎钢筋网片

(6)预制钢筋骨架绑扎时要注意保持外形尺寸正确，避免入模安装困难。

(7)在保证质量、提高工效、减轻劳动强度的原则下，研究加工方案，方案应分清预制部分和模内绑扎部分，以及两者相互的衔接，避免后续工序施工困难甚至造成反工浪费。

【技能要点 4】钢筋安装检查

(1)对照设计图纸检查钢筋的钢号、直径、根数、间距、位置是否正确，应特别注意钢筋的位置。

(2)检查钢筋的接头位置和搭接长度是否符合规定。

(3)检查混凝土保护层的厚度是否符合规定。

(4)检查钢筋是否绑扎牢固，有无松动变形现象。

(5)钢筋表面不允许有油渍、漆污和片状铁锈。

(6)安装钢筋的允许偏差，必须符合质量验收规范的要求。

第二节　焊接连接

【技能要点 1】各种焊接方法的适用范围

钢筋焊捌方法分类及适用范围见表 3—1。钢筋焊接质量检验，应符合行业标准《钢筋焊接及验收规程》(JGJ 18—2003)和《钢筋焊接接头试验方法标准》(JGJ/T 27—2001)的规定。

表 3—1　钢筋焊接方法分类及适用范围

焊接方法	接头形式	适用范围	
		钢筋级别	钢筋直径(mm)
电阻点焊		HPB235 级、HRB335 级 冷轧带肋钢筋 冷拔光圆钢筋	6～14 5～12 4～5
闪光对焊	d	HPB235 级、HRB335 级 及 HRB400 级、 RRB400 级	10～40 10～25

续上表

焊接方法		接头形式	适用范围	
			钢筋级别	钢筋直径(mm)
电弧焊	帮条双面焊	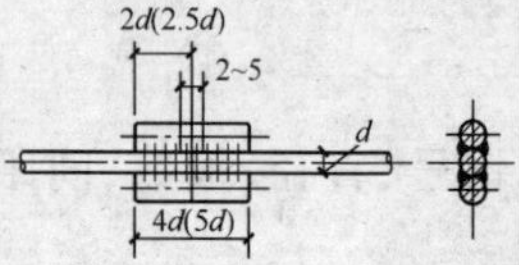 2d(2.5d)　2~5　d　4d(5d)	HPB235 级、HRB335 级 及 HRB400 级、 RRB400 级	10～40 10～25
	帮条单面焊	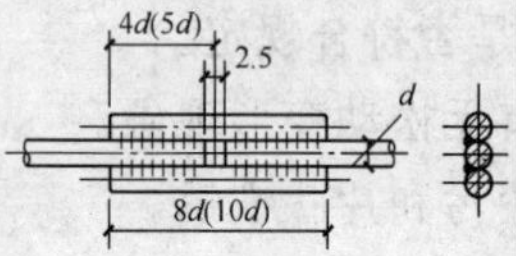 4d(5d)　2.5　d　8d(10d)	HPB235 级、HRB335 级 及 HRB400 级、 RRB400 级	10～40 10～25
	搭接双面焊	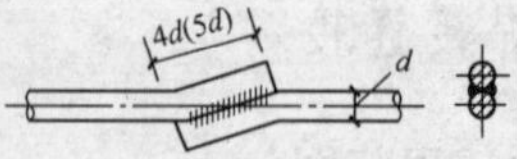 4d(5d)　d	HPB235 级、HRB335 级 及 HRB400 级、 RRB400 级	10～40 10～25
	搭接单面焊	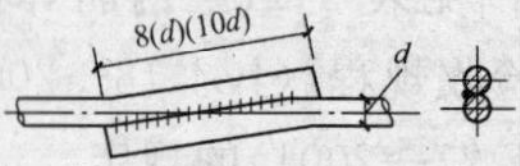 8(d)(10d)　d	HPB235 级、HRB335 级 及 HRIM00 级、 RRB400 级	10～40 10～25
	熔槽帮条焊	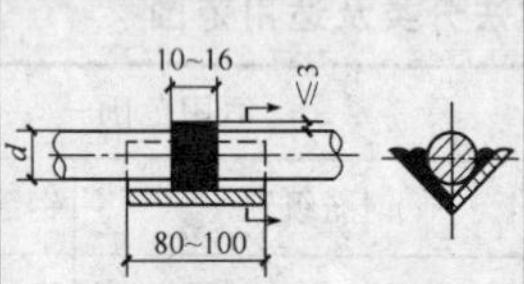 10~16　d　80~100	HPB235 级、HRB335 级 及 HRB400 级、 RRB400 级	20～40 20～25
	剖口平焊		HPB235 级、HRB335 级 及 HRB400 级、 RRB400 级	18～40 18～25
	剖口立焊		HPB235 级、HRB335 级 及 HRIM00 级、 RRB400 级	18～40 18～25

续上表

焊接方法		接头形式	适用范围	
			钢筋级别	钢筋直径(mm)
电弧焊	钢筋与钢板搭接焊	d 4d(5d)	HPB235 级、HRB335 级	8～40
	预埋件角焊		HPB235 级、HRB335 级	6～25
	预埋件穿孔塞焊		HPB235 级、HRB335 级	20～25
电渣压力焊			HPB235 级、HRB335 级	14～40
气压焊			HPB235 级、HRB335 级及 HRB400 级	14～40
预埋件埋弧压力焊			HPB235 级、HRB335 级	6～25

注:1. 表中的帮条或搭接长度值,不带括弧的数值用于 HPB235 级钢筋,括号中的数值用于 HRB335 级、HRB400 级及 RRB400 级钢筋。

2. 电阻电焊时,适用范围内的钢筋直径系指较小钢筋的直径。

钢筋电弧焊主要有帮条焊、搭接焊、坡口焊、窄间隙焊和熔槽帮条焊5种接头形式。焊接时应符合下列要求：

(1)为保证焊缝金属与钢筋熔合良好，必须根据钢筋的牌号、直径、接头形式和焊接位置，选用合适的焊条、焊接工艺和焊接参数。

(2)钢筋端头间隙、钢筋轴线以及帮条尺寸、坡口角度等，均应符合规程有关规定。

(3)接头焊接时，引弧应在垫板、帮条或形成焊缝的部位进行，防止烧伤主筋。

(4)焊接地线与钢筋应接触良好，防止因接触不良而烧伤主筋。

(5)焊接过程中应及时清渣，焊缝表面应光滑，焊缝余高应平缓过渡，弧坑应填满。以上各点对于各牌号钢筋焊接均适用，特别是HRB335级、HRB400级、RRB400级钢筋焊接时更为重要，例如，若焊接地线乱搭，与钢筋接触不好时，很容易发生起弧现象，烧伤钢筋或局部产生淬硬组织，形成脆断起源点。在钢筋焊接区外随意引弧，同样也会产生上述缺陷，这些都是焊工容易忽视而又十分重要的问题。

【技能要点2】钢筋电弧焊接

(1)焊条选用应符合设计要求，若设计未作规定，可参考表3—2选用。重要结构中钢筋的焊接，应采用低氢型碱性焊条，并应按说明书的要求进行烘焙后使用。

表3—2　钢筋电弧焊焊条的选用

钢筋级别	电弧焊接头形式			
	帮条焊 搭接焊	坡口焊 熔槽帮条焊 预埋件穿孔塞焊	窄间隙焊	钢筋与钢板搭接焊 预埋件T形角焊
HPB235	E4303	E4303	E4316、E4315	E4303
HRB335	E4303	E5003	E5016、E5015	E4303
HRB400	E5003	E5503	E6016、E5015	—

(2)工艺参数施工时,可参考表 3—3 选择焊条直径和焊接电流。

表 3—3　焊条直径和焊接是流选择

搭接焊、帮条焊				坡口焊			
焊接位置	钢筋直径(mm)	焊条直径(mm)	焊接电流(A)	焊接位置	钢筋直径(mm)	焊条直径(mm)	焊接电流(A)
平焊	10～12 14～22 25～32 36～40	3.2 4 5 5	90～130 130～180 180～230 190～240	平焊	16～20 22～25 28～40	3.2 4 5 5	140～170 170～90 190～220 200～230
立焊	10～12 14～22 25～32 36～40	3.2 4 4 5	80～110 110～150 120～170 170～220	立焊	16～20 22～25 28～32 38～40	3.2 4 4 5	120～150 150～180 180～200 190～210

(3)焊接接头形式

1)搭接焊。钢筋搭接焊可用于直径为 10～40 mm 的热轧光圆及带肋钢筋、直径为 10～25 mm 余热处理钢筋。焊接时宜用双面焊,不能进行双面焊时,也可采用单面焊搭接。搭接长度 l 应与帮条长度相同,见表 3—4 和如图 3—10 所示。

表 3—4　钢筋帮条(搭接)长度

钢筋级别	焊缝形式	帮条长度 l
HPB235	单面焊	$\geqslant 8d$
	双面焊	$\geqslant 4d$
HRB335、HRB400	单面焊	$\geqslant 10d$
	双面焊	$\geqslant 5d$

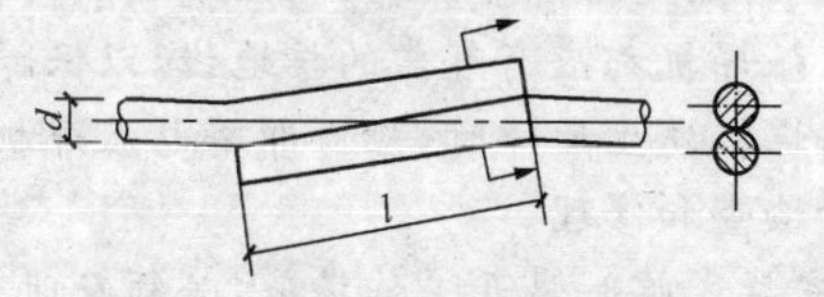

图 3—10　钢筋帮条(搭接)长度示意图

电弧焊工具简介

(1)原理

钢筋电弧焊是以焊条作为一极,钢筋作为另一极,利用焊接电流通过产生的电弧高温,集中热量熔化钢筋端和焊条末端,使焊条金属过渡到熔化的焊缝内,金属冷却凝固后,形成焊接接头。

(2)焊接设备

电弧焊的主要设备是弧焊机,弧焊机可分为交流弧焊机和直流弧焊机两类。其中焊接整流器是一种将交流电变为直流电的手弧焊电源。这类整流器多用硅元件作为整流元件,故也称硅整流焊机。

对电弧焊机的正确使用和合理的维护,能保证它的工作性能稳定和延长它的使用期限。

1)电弧焊机应尽可能安放在通风良好、干燥、不靠近高温和粉尘多的地方。弧焊整流器要特别注意对硅整流器的保护和冷却。

2)电弧焊机接入电网时,必须使两者电压相符。启动电弧焊机时,电焊钳和焊件不能接触,以防短路。在焊接过程中,也不能长时间短路,特别是弧焊整流器,在大电流工作时,产生短路会使硅整流器烧坏。

3)改变接法(换挡)和变换极性接法时,应在空载下进行。

4)按照电弧焊机说明书规定的负载持续率下的焊接电流进行使用,不得使电弧焊机过载而损坏。

5)经常保持焊接电缆与电弧焊机接线柱的接触良好。

6)经常检查弧焊发电机的电刷和整流片的接触情况,保持电刷在整流片表面应有适当而均匀的压力,若电刷磨损或损坏时,要及时调换新电刷。

7)露天使用时,要防止灰尘和雨水浸入电弧焊机内部。电弧焊机搬动时,特别是弧焊整流器,不应受剧烈的振动。

8)每台电弧焊机都应有可靠的接地线,以保障安全。

9)当电弧焊机发生故障时,应立即将电弧焊机的电源切断,然后及时进行检查和修理。

10)工作完毕或临时离开工作场地,必须及时切断电弧焊机的电源。

钢筋搭接接头的焊缝厚度 h 应不小于 $0.3d$（主筋直径）；焊缝宽度 b 不小于 $0.7d$（主筋直径），如图 3—11 所示。焊接前，钢筋宜预弯，以保证两钢筋的轴线在一条直线上，使接头受力性能良好。

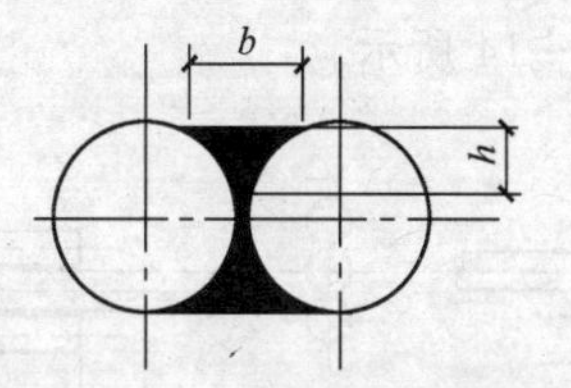

图 3—11 焊缝尺寸示意图

b—焊缝宽度；h—焊缝厚度

钢筋与钢板搭焊时，接头形式如图 3—12 所示。HPB235 级钢筋的接头长度 l 不小于 4 倍钢筋直径，HRB335 级钢筋的搭接长度 l 不小于 5 倍钢筋直径，焊缝宽度 b 不小于 $0.5d$（钢筋直径），焊缝厚度 h 不小于 $0.35d$（钢筋直径）。

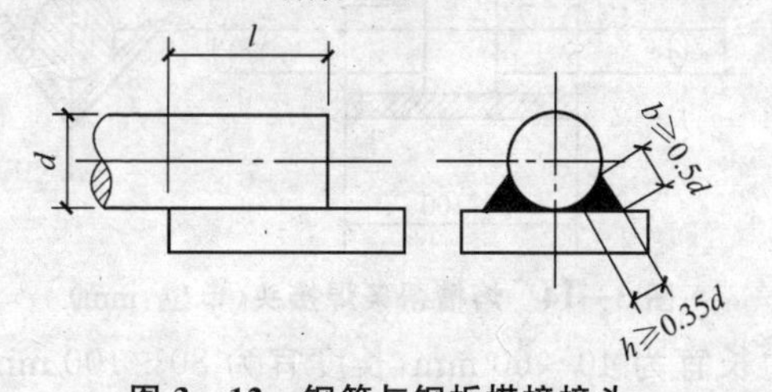

图 3—12 钢筋与钢板搭接接头

d—钢筋直径；l—搭接长度；b—焊缝宽度

2）帮条焊。帮条焊适用于直径为 10～40 mm 的 HPB235 级、HRB335 级、HRB400 级钢筋。

帮条焊宜采用双面焊，如图 3—13(a)所示。如条件所限，不能进行双面焊时，也可采用单面焊，如图 3—13(b)所示。

帮条宜采用与主筋同级别、同直径的钢筋制作，其帮条长度为 l。如帮条直径与主筋相同时，帮条钢筋的级别可比主筋低一个级别；当帮条级别与主筋相同时，帮条直径可比主筋小一个规格。

钢筋帮条焊接头的焊缝厚度及宽度要求同搭接焊。帮条焊时，两主筋端面的间隙应为 2～5 mm；帮条与主筋之间应用四点定位焊固定，定位焊缝与帮条端部的距离应大于或等于 20 mm。

3)熔槽帮条焊。钢筋熔槽帮条焊接头适用于直径 $d \geqslant 20$ mm 钢筋的现场安装焊接。焊接时，应加边长为 40～60 mm 的角钢作垫板模。此角钢除作垫板模用外，还起帮条作用。钢筋熔槽帮条焊接头形式，如图 3—14 所示。

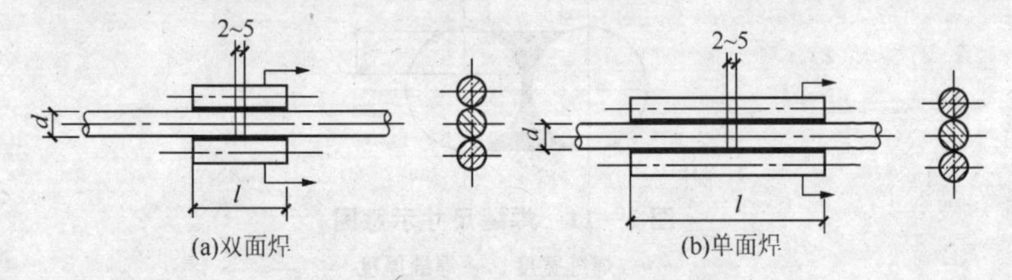

(a)双面焊　　　　(b)单面焊

图 3—13　钢筋帮条焊接头(单位：mm)

d—钢筋直径；l—帮条长度

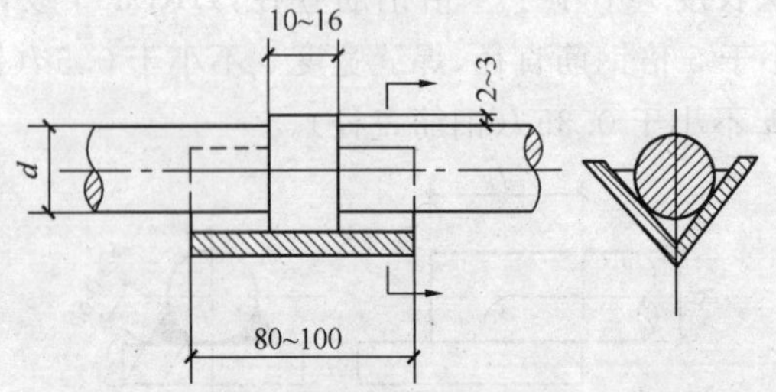

图 3—14　熔槽帮条焊接头(单位：mm)

角钢边长宜为 40～60 mm，长度宜为 80～100 mm。

钢筋端头加工平整，两钢筋端面的间隙应为 10～16 mm。

从接缝处垫板引弧后应连续旋焊，并应使钢筋端部熔合。在焊接过程中应停焊清渣一次。焊平后，再进行焊缝余高焊接，其高度不得大于 3 mm。钢筋与角钢垫板之间，应加焊侧面焊缝 1～3 层，焊缝应饱满，表面应平整。

4)坡口焊。坡口焊适用于装配式框架结构安装时的柱间节点或梁与柱的节点焊接。

钢筋坡口焊时坡口面应平顺。凹凸不平度不得超过1.5 mm，切口边缘不得有裂纹和较大的钝边、缺棱。钢筋坡口平焊时，V 形坡口角度为 55°～65°。如图 3—15(a)所示；坡口立焊时，坡口角度为 40°～55°，下钢筋为 0°～10°，上钢筋为 35°～45°，如图 3—15(b)所示。

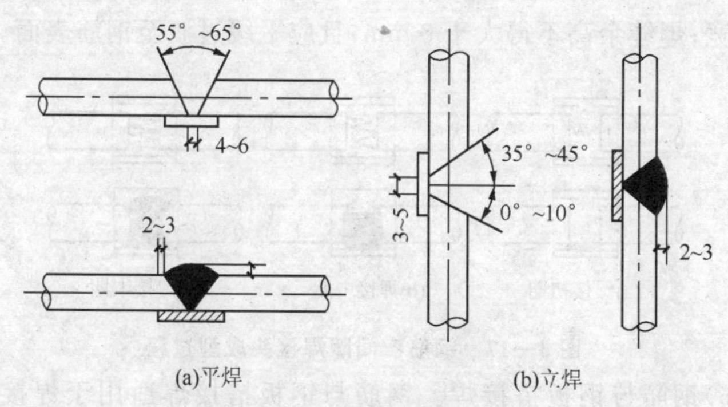

图 3—15　钢筋坡口焊接头

钢垫板长度为 40～60 mm. 厚度为 4～6 mm。平焊时，钢垫板宽度为钢筋直径加 10 mm；立焊时，其宽度应等于钢筋直径。

钢筋根部间隙，平焊时，为 4～6 mm；立焊时，为 3～5 mm。最大间隙均不宜超过 10 mm。坡口焊时，焊缝根部、坡口端面以及钢筋与钢板之间均应熔合；焊接过程中应经常清渣；钢筋与钢垫板之间应加焊 2～3 层侧面焊缝；焊缝的宽度应大于 V 形坡口的边缘 2～3 mm，焊缝余高不得大于 3 mm，并宜平缓过渡至钢筋表面。

5)窄间隙焊。窄间隙焊具有焊前准备简单、焊接操作难度较小、焊接质量好、生产率高、焊接成本低、受力性能好的特点。适用于直径 16 mm 及 16 mm 以上 HPB23 级、HRB335 级、HRB400 级钢筋的现场水平连接，但不适用于经余热处理过的 HRB400 级钢筋。钢筋窄间隙焊接头，如图 3—16 所示，其成型过程，如图3—17所示。

图 3—16　钢筋窄间隙焊接头

窄间隙焊接时，钢筋应置于钢模中，并留出一定间隙，用焊条连续焊接，熔化金属端面使熔敷金属填充间隙，形成接头。从焊缝根部引弧后应连续进行焊接，左、右来回运弧，在钢筋端面处电弧应少许停留，并使熔合，当焊至端面间隙的 4/5 高度后，焊缝应逐渐加宽；焊缝余高不得大于 3 mm，且应平缓过渡至钢筋表面。

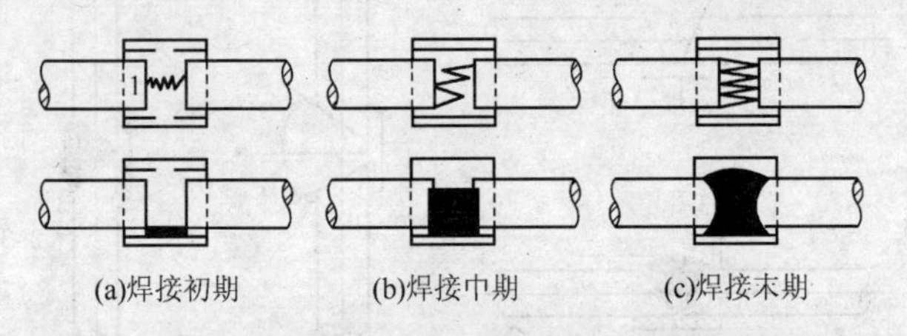

图 3—17　钢筋窄间隙焊接头成型过程

6)钢筋与钢板搭接焊。钢筋与钢板搭接焊适用于焊接直径 8～40 mm 的 HPB235 级、HRB335 级钢筋。钢筋与钢板搭接焊接头如图 3—18 所示。

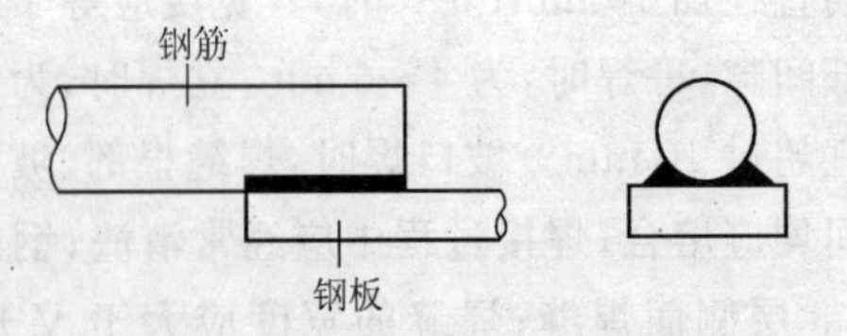

图 3—18　钢筋与钢板搭接焊接头

钢筋的搭接长度不得小于钢筋直径的 4 倍。

焊缝宽度不得小于 0.5d(d=钢筋直径)，焊缝厚度不得小于 0.35d(d=钢筋直径)。

7)预制埋件钢筋电弧焊。预埋件钢筋电弧焊 T 形接头分为角焊和穿孔塞焊。角焊适用于焊接直径 6～25 mm 的 HPB235 级、HRB335 级钢筋；穿孔塞焊适用于焊接直径 20～25 mm 的 HPB235 级、HRB335 级钢筋。

预埋件钢筋电弧焊 T 形接头如图 3—19 所示。

钢板厚度不宜小于 0.6d(d=钢筋直径)，且不应小于 6 mm。

受力锚固钢筋的直径≥8 mm，构造锚固钢筋的直径≥6 mm。角焊缝焊脚 K 不得小于钢筋直径的 1/2。施焊中不得使钢筋咬边和烧伤。

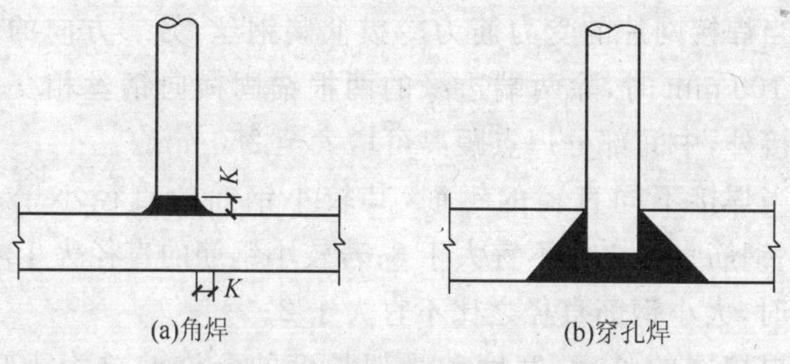

图 3—19　预埋件钢筋电弧 T 形接头

(4)钢筋电弧焊接质量控制。钢筋电弧焊接头的质量应符合外观检查和拉伸试验的要求。外观检查时，接头焊缝应表面平整，不得有较大凹陷或焊瘤；接头区域不得有裂纹；坡口焊、熔槽帮条焊和窄间隙焊接头的焊缝余高不得大于 3 mm；咬边深度、气孔、夹渣的数量和大小以及接头尺寸偏差应符合有关规定。作拉伸试验时，要求 3 个热轧钢筋接头试件的抗拉强度均不得低于该级别钢筋规定的抗拉强度值；余热处理 HRB400 钢筋接头试件的抗拉强度均不得低于热轧 HRB400 钢筋规定的抗拉强度值；3 个接头试件均应断于焊缝处以外，并至少有 2 个试件呈延性断裂。

1)为消除点焊时电流环路减小的影响，施焊时应合理考虑施焊顺序或适当延长通电时间或增大电流。

2)焊点应做外观检查和强度试验。合格的焊点应无脱落、漏焊、气孔、裂纹、空洞及明显烧伤，焊点处应挤出饱满而均匀的熔化金属，压入深度符合要求。热轧钢筋焊点应做抗剪试验；冷拔低碳钢丝焊点除作抗剪试验外，还应对钢丝做抗拉试验。强度指标应符合《钢筋焊接及验收规程》的规定。

3)采用点焊的焊接骨架和焊接网片的焊点应符合设计要求。设计未作规定时，可按下列要求进行焊接：

①当焊接骨架的受力钢筋为 HPB335 级时，所有相交点均需焊接。

②当焊接网片的受力钢筋为 HPB235 级或冷拉 HRB235 级钢筋并只有一个方向受力时，两端边缘的两根锚固横向钢筋的相交点必需焊接；若网片为两向受力，则四周边缘的两根钢筋相交点均应焊接；其余相交点可间隔焊接。

③当焊接网片的受力筋为冷拔低碳钢丝，另一方向的钢丝间距小于 100 mm 时，除两端边缘的两根锚固横向钢丝相交点必须全部焊接外，中间部分焊点距离可增大至 250 mm。

④当焊接不同直径的钢筋，其较小钢筋的直径小于 10 mm 时，大小钢筋直径之比不宜大于 3；若较小钢筋的直径为 12 mm 或 14 mm 时，大小钢筋直径之比不宜大于 2。

⑤焊接网的长度、宽度和骨架长度的允许偏差为±10 mm。焊接骨架高度允许偏差为±5 mm。网眼尺寸及箍筋间距允许偏差为±10 mm。

【技能要点 3】气压焊

气压焊工具简介

(1)焊接设备

钢筋气压焊设备主要包括氧气和乙炔供气装置、加热器、加压器及钢筋卡具等，如图 3—20 所示。辅助设备包括用于切割钢筋的砂轮锯、磨平钢筋端头的角向磨光机等，现分别介绍如下。

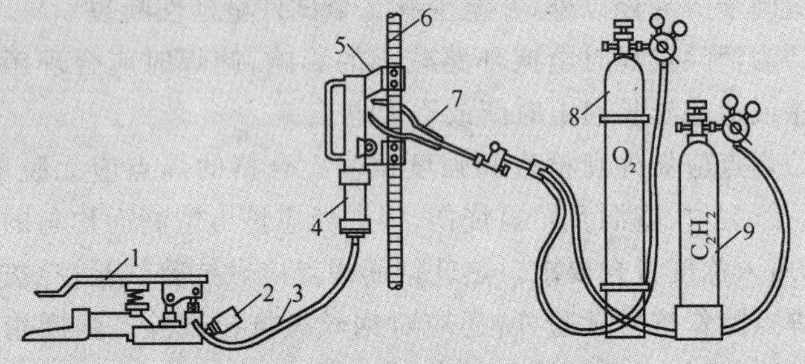

图 3—20　气压焊设备工作示意图

1—脚踏液压泵；2—压力表；3—液压胶管；4—油缸；
5—钢筋卡具；6—被焊接钢筋；7—多火口烤钳；8—氧气瓶；9—乙炔瓶

1)供气装置

供气装置包括氧气瓶、溶解乙炔气瓶(或中压乙炔发生器)、干式回火防止器、减压器、橡胶管等。溶解乙炔气瓶的供气能力，必须满足现场最粗钢筋焊接时的供气量要求，若气瓶供气不能满足要求时，可以并联使用多个气瓶。

氧气瓶是用来储存及运输压缩氧(O_2)的钢瓶,常用容积为40 L,储存氧气6 m^3,瓶内公称压力为14.7 MPa。

乙炔气瓶是储存及运输溶解乙炔(C_2H_2)的特殊钢瓶,在瓶内填满浸渍丙酮的多孔性物质,其作用是防止气体的爆炸及加速乙炔溶解于丙酮的过程。瓶的容积40 L,储存乙炔气为6 m^3,瓶内公称压力为1.52 MPa。乙炔钢瓶必须垂直放置,当瓶内压力减低到0.2 MPa时,应停止使用。

氧气瓶和溶解乙炔气瓶的使用,应遵照《气瓶安全监察规程》的有关规定执行。

减压器是用于将气体从高压降至低压,设有显示气体压力大小的装置,并有稳压作用。减压器按工作原理分正作用和反作用两种,常用的如下两种单级反作用减压器:QD—2A型单级氧气减压器的高压额定压力为15 MPa,低压调节范围为0.1～1.0 MPa。

QD—2O型单级乙炔减压器的高压额定压力为1.6 MPa,低压调节范围为0.01～0.15 MPa。回火防止器是装在燃料气体系统防止火焰向燃气管路或气源回烧的保险装置,分水封式和干式两种。其中水封式回火防止器常与乙炔发生器组装成一体,使用时一定要检查水位。

乙炔发生器是利用电石的主要成分碳化钙(CaC_2)和水相互作用,以制取乙炔的一种设备。使用乙炔发生器时应注意:每天工作完毕应放出电石渣,并经常清洗。

2)加热器

加热器由混合气管和多口火烤钳组成,一般称为多嘴环管焊炬。为使钢筋接头处能均匀加热,多口火烤钳设计成环状钳形,如图3—21所示。并要求多束火焰燃烧均匀,调整方便。

3)加压器

加压器由液压泵、液压表、液压油管和顶压油缸四部分组成。在钢筋气压焊接作业中,加压器作为压力源,通过连接夹具对钢筋进行顶锻,施加所需要的轴向压力。

轴向压力可按下式计算：

$$p=fF_1p_0/F_2$$

式中　p——对钢筋实际施加的轴向压力(MPa)；

f——压力传递接头系数，一般可取0.85；

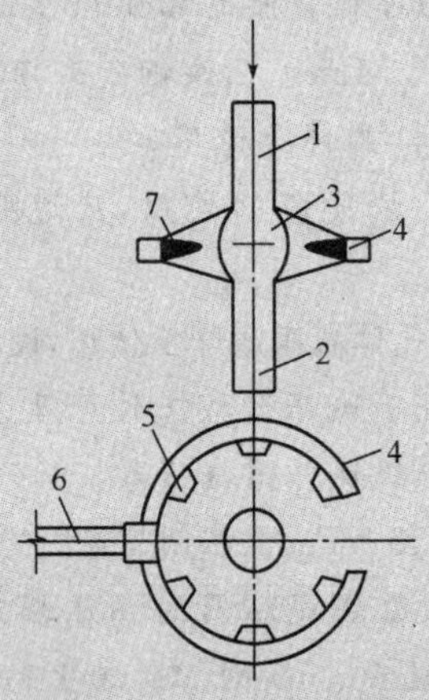

图3—21　多口火烤钳

1—上钢筋；2—下钢筋；3—镦粗区；4—环形加热器(火钳)；5—火口；6—混气管；7—火焰

F_1——顶压油缸活塞截面积(mm^2)；

p_0——油压表指针读数(MPa)；

F_2——钢筋截面积(mm^2)。

液压泵分手动式、脚踏式和电动式三种。

4)钢筋卡具(或称钢筋夹具)

由可动和固定卡子组成，用于卡紧、调整和压接钢筋用。

连接钢筋夹具，应对钢筋有足够握力，确保夹紧钢筋，并便于钢筋的安装定位。

连接夹具应能传递对钢筋施加足够的轴向压力，确保在焊接操作中钢筋不滑移，钢筋头不产生偏心和弯曲，同时不损伤钢筋的表面。

(2)材料

1)钢筋

必须有材质试验证明书,各项技术性能和质量应符合现行标准《钢筋混凝土用热轧带肋钢筋》(GB 1499.2—2008)中的有关规定。当采用其他品种、规格钢筋进行气压焊时,应进行钢筋焊接性能试验,经试验合格后方准采用。

2)氧气

所使用的气态氧(O_2)质量,应符合国家标准《工业氧》(GB/T 3863—2008)中规定的技术要求,纯度必须在99.5%以上。其作业压力在0.5~0.7 MPa以下。

3)乙炔

所使用的乙炔(C_2H_2),宜采用瓶装溶解乙炔,其质量应符合国家标准《溶解乙炔》(GB 6819—2004)中规定的要求,纯度按体积比达到98%,其作业压力在0.1 MPa以下。

氧气和乙炔气的作业混合比例为1∶1~1∶4。

(1)施工准备

1)施工前应对现场有关人员和操作工人进行钢筋气压焊的技术培训。培训的重点是焊接原理、工艺参数的选用、操作方法、接头检验方法、不合格接头产生的原因和防治措施等。对磨削、装卸等辅助作业工人,亦需了解有关规定和要求。焊工必须经考核并发给合格证后方准进行操作。

2)在正式焊接前,对所有需作焊接的钢筋,应按《混凝土结构工程施工质量验收规范》(GB 50204—2002)有关规定截取试件进行试验。试件应切取6根,3根作弯曲试验,3根作拉伸试验,并按试验合格所确定的工艺参数进行施焊。

3)竖向压接钢筋时,应先搭好脚手架。

4)对钢筋气压焊设备和安全技术措施进行仔细检查,以确保正常使用。

(2)焊接钢筋端部加工

1)钢筋端面应切平,切割时要考虑钢筋接头的压缩量,一般为 $0.6d$～$1.0d$(d 为钢筋直径)。断面应与钢筋的轴线相垂直,端面周边毛刺应去掉。钢筋端部若有弯折或扭曲应矫正或切除。切割钢筋应用砂轮锯,不宜用切断机。

2)清除压接面上的锈、油污、水泥等附着物,并打磨见新面,使其露出金属光泽,不得有氧化现象。压接端头清除的长度一般为 50～100 mm。

3)钢筋的压接接头应布置在数根钢筋的直线区段内,不得在弯曲段内布置接头。有多根钢筋压接时,接头位置应按《混凝土结构工程施工质量验收规范》(GB 50204—2002)的规定错开。

4)两钢筋安装于夹具上,应夹紧并加压顶紧。两钢筋轴线要对正,并对钢筋轴向施加 5～10 MPa 初压力。钢筋之间的缝隙不得大于 3 mm,压接面要求如图 3—22 所示。

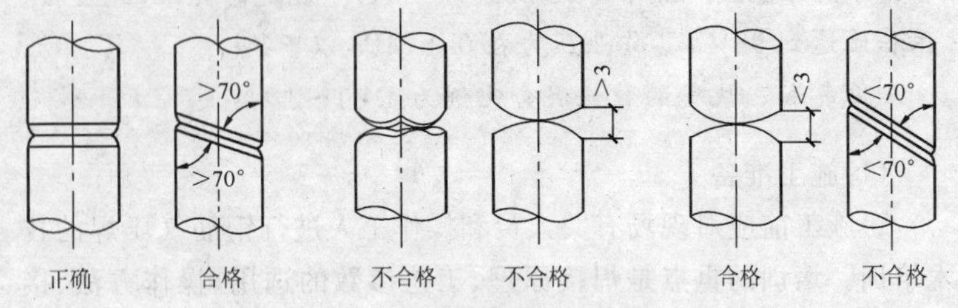

图 3—22　钢筋气压焊压接面要求(单位:mm)

(3)施焊要点

1)钢筋气压焊的开始阶段宜采用碳化焰(还原焰),对准两钢筋接缝处集中加热,使淡白色羽状内焰包住缝隙或伸入缝隙内,并始终不离开接缝,以防止压焊面产生氧化。待接缝处钢筋红黄,当压力表针大幅度下降时,随即对钢筋施加顶锻压力(初期压力),直到焊口缝隙完全闭合。要注意的是:碳化火焰内焰应呈淡白色,若呈黄色说明乙炔过多,必须适当减少乙炔量。不得使用碳化焰外焰加热,严禁用氧化过剩的氧化焰加热。

初期加压时机要适宜,宁早勿晚,升降要平稳。

2)在确认两钢筋的缝隙完全黏合后,应改用中性焰,在压焊面中心 1～2 倍钢筋直径的长度范围内，均匀摆动火焰往返加热。摆幅由小到大，摆速逐渐加大，以使其迅速达到合适的压接温度(1 150 ℃～1 300 ℃)。

3)当钢筋表面变成白炽色，氧化物变成芝麻粒大小的灰白色球状物，继而聚集成泡沫状并开始随加热器的摆动方向移动时，则可边加热边加压，先慢后快，达到 30～40 N/mm²，使接缝处隆起的直径为 1.4～1.6 倍母材直径、变形长度为 1.2～1.5 倍母材直径的鼓包。

操作时，要掌握好变换火焰的时机，尽快由碳化焰调整到所需的中性焰；要掌握好火焰功率。火焰功率主要取决于氧—乙炔流量，过大容易引起过烧现象，偏小会延长压接时间，还易造成接合面“夹生”现象。对于各种不同直径钢筋采用的火焰功率大小，主要靠经验确定。

4)压接后，当钢筋火红消失，即温度为 600 ℃～650 ℃时，才能解除压接器上的卡具。过早取下容易产生弯曲变形。

5)在加热过程中，如果火焰突然中断，发生在钢筋接缝已完全闭合以后，则可继续加热加压，直至完成全部压接过程；如果火焰突然中断发生在钢筋接缝完全闭合以前，则应切掉接头部分，重新压接。压接步骤如图 3—23 所示。

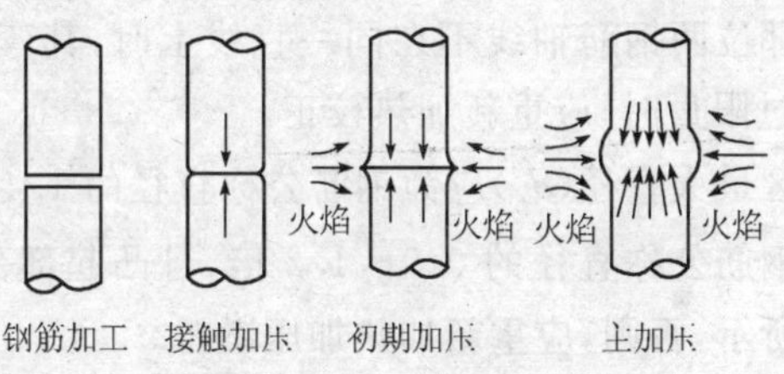

图 3—23 压接步骤

(4)质量要求

1)压接部位应符合有关规范及设计要求，一般可按表 3—5 进行检查。

2)压接区两钢筋轴线的相对偏心量(e)，不得大于 0.15d(d 为钢筋直径)，同时不得大于 4 mm，如图 3—24 所示。钢筋直径不同相焊时，按小钢筋直径计算，且小直径钢筋不得错出大直径钢筋。当超过以上限量时，应切除重焊。

表 3—5 压接部位

项目		允许压接范围	同截面压接点数	压接点错开距离(mm)
柱		柱净高的中间 1/3 部位	不超过全部接头的 1/2	500
梁	上钢筋	梁净跨的中间 1/2 部位	不超过全部接头的 1/2	500
	下钢筋	梁净跨的两端 1/4 部位		
墙	墙端柱	同柱	不超过全部接头的 1/2	500
	墙体	底部、两端		
有水平荷载构件		同梁	不超过全部接头的 1/2	500

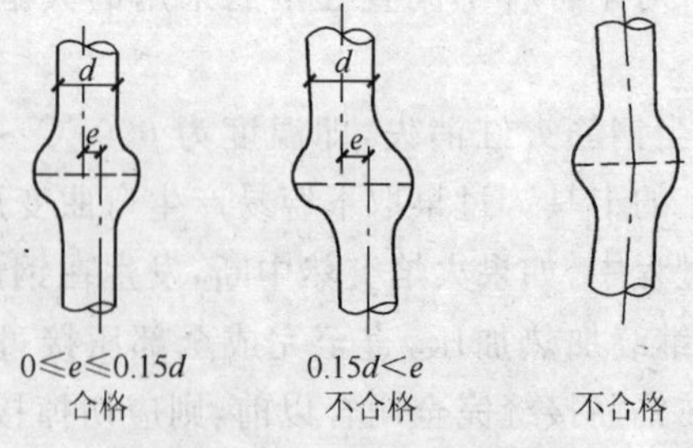

图 3—24 压接区偏心要求

3)接头部位两钢筋轴线不在同一直线上时，其弯折角不得大于 4°。当超过限量时，应重新加热校正。

4)镦粗区最大直径(d_c)应为钢筋公称直径的 1.4～1.6 倍，长度(L_c)应为钢筋公称直径的 0.9～1.2 倍，且凸起部分平缓圆滑，如图 3—25 所示，否则，应重新加热加压镦粗。

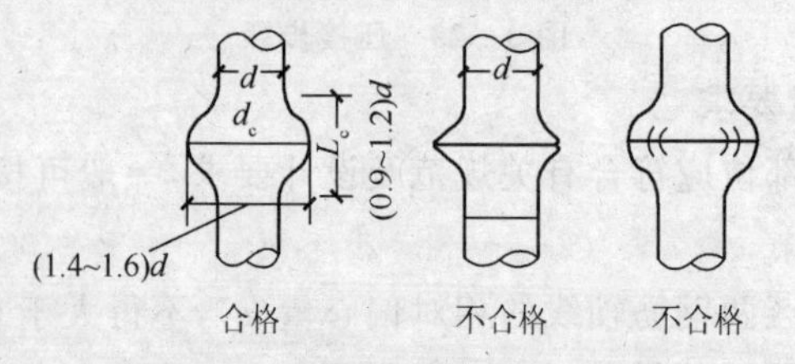

图 3—25 镦粗区最大直径和长度

5)镦粗区最大直径处应为压焊面。若有偏移,其最大偏移量(d_h)不得大于钢筋公称直径 0.2d,如图 3—26 所示。

6)钢筋压焊区表面不得有横向裂纹,若发现有横向裂纹时,应切除重焊。

7)钢筋压焊区表面不得有严重烧伤,否则应切除重焊。

外观检查如有 5%接头不合格时,应暂停作业,待找出原因并采取有效措施后,方可继续作用。

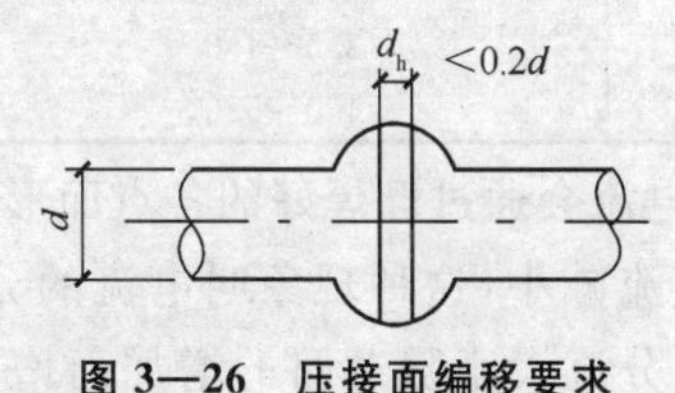

图 3—26　压接面编移要求

【技能要点 4】钢筋点焊

采用点焊代替绑扎可提高工效、节约劳动力,成品刚性好,便于运输。钢筋点焊时参数主要有通电时间、电流强度、电极压力及焊点压入深度等,应根据钢筋级别、直径及焊机性能合理选择。表 3—6 和表 3—7 为采用 DN—75 型点焊机焊接热轧 HPB235 钢筋、冷拔低碳钢丝时的通电时间和电极压力。

表 3—6　采用 DN—75 型点焊机焊接通电时间(单位:s)

变压器级次	较小钢筋直径(mm)							
	3	4	5	6	8	10	12	14
1	0.08	0.1	0.12					
2	0.05	0.06	0.07					
3				0.22	0.7	1.5		
4				0.2	0.6	1.25	2.5	4
6					0.5	1	2	3.5
7					0.4	0.75	1.5	3
8						0.5	1.2	

表 3—7　采用 DN—75 型点焊机电极压力

较小钢筋直径(mm)	电极压力(kN)	
	HPB235 级钢筋冷拔低碳钢丝	HPB335 级钢筋
3	1.0～1.5	
4	1.0～1.5	
5	1.5～2.0	
6	2.0～2.5	
8	2.5～3.0	3.0～3.5
10	3.0～4.0	3.5～4.0
12	3.5～4.5	4.0～5.0
14	4.0～5.0	5.0～6.0

点焊时，部分电流会通过已焊好的各点而形成闭合电路，这样将使通过焊点的电流减小，这种现象叫电流的分流现象。分流会使焊点强度降低。分流大小随通路的增加而增加，随焊点距离的增加而减少。个别情况下分流可达焊点电流的 40％以上。为消除这种有害影响，施焊时应合理考虑施焊顺序或适当延长通电时间或增大电流。在焊接钢筋交叉角小于 30°的钢筋网或骨架时，也需增大电流或延长时间。

焊点应作外观检查和强度试验。合格的焊点应无脱落、漏焊、气孔、裂纹、空洞及明显烧伤，焊点处应挤出饱满而均匀的熔化金属，压人深度符合要求。热轧钢筋焊点应做抗剪试验；冷拔低碳钢丝焊点除作抗剪试验外，还应对钢丝做抗拉试验。强度指标应符合《钢筋焊接及验收规程》的规定。

采用点焊的焊接骨架和焊接网片的焊点应符合设计要求。设计未作规定时，可按下列要求进行焊接。

(1)当焊接骨架的受力钢筋为 HPB335 级时，所有相交点均须焊接。

(2)当焊接网片的受力钢筋为 HPB335 级或冷拉 HPB335 级钢筋并只有一个方向受力时，两端边缘的两根锚固横向钢筋的相交点必须焊接；若网片为两向受力，则四周边缘的两根钢筋相交点均应焊接；其余相交点可间隔焊接。

(3)当焊接网片的受力筋为冷拔低碳钢丝，另一方向的钢丝间距小于 100 mm 时，除两端边缘的两根锚固横向钢丝相交点必须全部焊接外，中间部分焊点距离可增大至 250 mm。

(4)当焊接不同直径的钢筋，其较小钢筋的直径小于 10 mm 时，大小钢筋直径之比不宜大于 3；若较小钢筋的直径为 12 mm 或 14 mm 时，大小钢筋直径之比不宜大于 2。

(5)焊接网的长度、宽度和骨架长度的允许偏差为±10 mm。焊接骨架高度允许偏差为±5 mm。网眼尺寸及箍筋间距允许偏差为±10 mm。

【技能要点 5】双钢筋拼焊

(1)焊接参数选择。

1)当焊直径 4～5 mm 的钢筋时，二次电压宜为 4～7 V，电流为 4 200～5 000 A，顶锻压力为 1.20～1.80 kN。

2)焊接通电时间对纵筋强度影响明显，通电时间延长，则热影响区增大，温度增高，降低冷强作用。

3)通电时间以 0.04～0.12 s 为宜。

4)因热熔主要发生在横筋上，纵筋热影响区较小，温度也较低。所以，焊接顶锻时应使横筋变形大，纵筋变形小，以减少纵筋损伤。故横筋的含碳量应比纵筋的含碳量低，其截面积亦应比纵筋小 20%～40%。

5)焊接后，纵筋的抗拉强度不应低于母材强度，断口不应在焊点或纵筋热影响区。

6)横筋在焊点的抗剪力应大于或等于 $0.25\sigma_s \cdot A_s$（σ_s 为纵筋抗拉强度，A_s 为纵筋截面面积）。

(2)焊接操作要点焊接时，两根纵筋经调直、送料装置进入焊区，横筋经调直并剪切成短筋后，送至两纵筋的下方，再由夹持器顶托至两纵筋之间，随之左右两电极合拢。将横筋夹于两纵筋之间。此时光电管发出信号，自动拄制箱接通主电路，焊接变压器送出定时电流，靠纵、横筋接触处的接触电阻使接触点热熔，随之电极加压顶锻，使纵、横钢筋焊接牢固。

【技能要点 6】钢筋对焊

(1)钢筋对焊工艺。钢筋对焊过程如下:先将钢筋夹入对焊机的两电极中(钢筋与电极接触处应清除锈污,电极内应通入循环冷却水),闭合电源,然后使钢筋两端面轻微接触,这时即有电流通过,由于接触轻微,钢筋端面不平,接触面很小,故电流密度和接触电阻很大,因此接触点很快熔化,形成"金属过梁"。过梁被进一步加热,产生金属蒸气飞溅(火花般的熔化金属微粒自钢筋两端面的间隙中喷出,此过程称为烧化),形成闪光现象,故也称闪光对焊。通过烧化使钢筋端部温度升高到要求的温度后,便快速将钢筋挤压(称顶锻),然后断电,即形成对焊接头。

根据所用对焊机功率大小及钢筋品种、直径不同,闪光对焊又分连续闪光焊、预热闪光焊、闪光—预热—闪光焊等不同工艺。钢筋直径较小时,可采用连续闪光焊;钢筋直径较大,端面较平整时,宜采用预热闪光焊;直径较大,且端面不够平整时,宜采用闪光—预热—闪光焊,RRB400 级钢筋必须采用预热闪光焊或闪光—预热—闪光焊,对 RRB400 铡筋中焊接性较差的钢筋还应采取焊后通电热处理的方法以改善接头焊接质量。

1)连续闪光焊

采用连续闪光焊时,先闭台电源,然后使两钢筋端面轻微接触,形成闪光。闪光一旦开始,应徐徐移动钢筋,形成连续闪光过程。待钢筋烧化到规定的长度后,以适当的压力迅速进行顶锻,使两根钢筋焊牢。连续闪光对焊工艺过程,如图 3—27(a)所示。

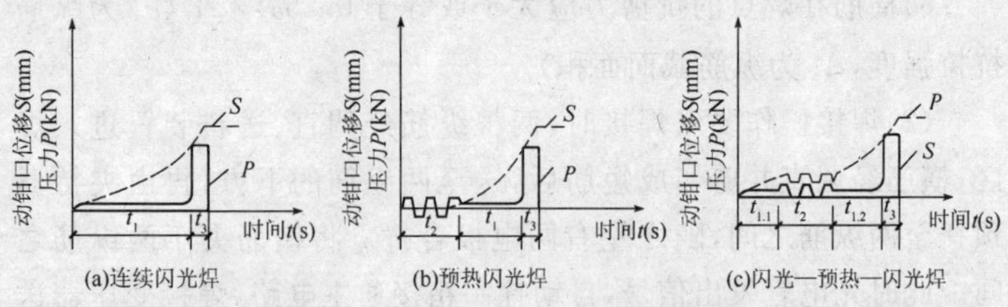

图 3—27　钢筋闪光对焊工艺过程

t_1—烧化时间;$t_{1.1}$—一次烧化时间;$t_{1.2}$—二次烧化时间;

t_2—预热时间;t_3—顶锻时间

连续闪光焊所能焊接的最大钢筋直径，应随着焊机容量的降低和钢筋级别的提高而减小，见表 3—8。

2)预热闪光焊

预热闪光焊是在连续闪光焊前增加一次预热过程，以达到均匀加热的目的。采用这种焊接工艺时，先闭合电源，然后使两钢筋端面交替地接触和分开，这时钢筋端面的间隙中即发出断续的闪光，而形成预热过程。当钢筋烧化到规定的预热留量后，随即进行连续闪光和顶锻，使钢筋焊牢。预热闪光焊工艺过程，如图 3—27(b)所示。

表 3—8 连续闪光焊钢筋上限直径

焊机容量(kW)	钢筋级别	钢筋直径(mm)
150	HPB235 级	25
	HPB335 级	22
	HPB400 级	20
100	HPB235 级	20
	HPB335 级	18
	HPB400 级	16
75	HPB235 级	16
	HPB335 级	14
	HPB400 级	12

3)闪光—预热—闪光焊

闪光—预热—闪光焊是在预热闪光焊前加一次闪光过程，目的是使不平整的钢筋端面烧化平整，使预热均匀。这种焊接工艺的焊接过程是首先连续闪光，使钢筋端部闪平，然后断续闪光，进行预热，接着连续闪光，最后进行顶锻，以完成整个焊接过程。闪光预热闪光焊工艺过程，如图 3—27(c)所示。

(2)闪光对焊参数。钢筋焊接质量与焊接参数有关。闪光对焊参数主要包括调伸长度、烧化留量、预热留量、烧化速度、顶锻留量、顶锻速度及变压器级次等。

1)调伸长度。

调伸长度是指焊接前，两钢筋端部从电极钳口伸出的长度，如图 3—28 所示。调伸长度的选择与钢筋品种和直径有关，应使接头能均匀加热,并使顶锻时钢筋不致产生侧弯。

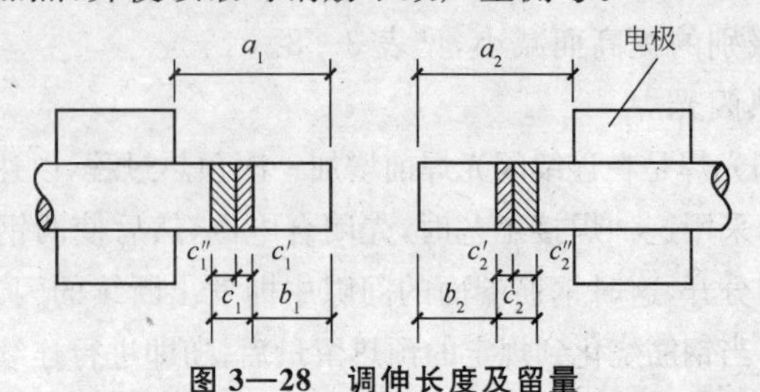

图 3—28 调伸长度及留量

a_1,a_2—左右钢筋的伸长度;b_1,b_2—烧化留量;c_1,c_2—顶锻留量;

c'_1,c'_2—有电顶锻留量;c''_1,c''_2—无电顶锻留量

2)烧化留量及预热留量。

烧化留量是指钢筋在烧化过程中,由于金属烧化所消耗的钢筋长度。预热留量是指采用预热闪光焊或闪光—预热—闪光焊时,预热过程所烧化的钢筋长度。烧化留量的选择,应使烧化结束时,钢筋端部能均匀加热,并达到足够的温度。连续闪光焊的烧化留量应等于两根钢筋切断时刀口严重压伤部分之和,另加 8 mm;预热闪光焊时的预热留量为 4～7 mm,烧化留量为 8～10 mm。采用闪光—预热—闪光焊时,一次烧化留量应等于两根钢筋切断时刀口严重搓伤部分之和,预热留量为 2～7 mm,二次烧化留量为 8～10 mm。

3)顶般留量。

顶锻留量是指在闪光结束,将钢筋顶锻压紧时,因接头处挤出金属而缩短的钢筋长度。顶锻包括有电顶锻和无电顶锻两个过程,顶锻留量的选择与控制,应使顶锻过程结束时,接头整个断面能获得紧密接触,并有适当变形。顶锻留量应随着钢筋直径的增大和钢筋级别的提高而有所增加,可在 4～6.5 mm 选择。其中有电顶锻留量约占 1/3,无电项锻留量约占 2/3。

4)烧化速度。

烧化速度是指闪光过程的快慢。烧化速度随钢筋直径增大而降低,在烧化过程中,烧化速度由慢到快,开始近似于零,而后约 1 mm/s,终止时约 1.5～2 mm/s,这样闪光比较强烈,高热产生的金属蒸气足以保护焊缝金属免受氧化。

5)顶锻速度。

顶锻速度是指在挤压钢筋接头时的速度,顶锻速度应该越快越好,特别是在顶锻开始的 0.1 s 内应将钢筋压缩 2～3 mm,使焊口迅速闭合以避免空气进入焊接空间导致氧化,而后断电,并以 6 mm/s的速度继续顶锻至终止。

6)变压器级次。

变压器级次是用以调节焊接电流的大小的。

生产中,应根据钢筋的直径来选择变压器级次。钢筋直径较大时,宜采用较高的变压器级次,以产生较高的电压。

焊接时,应合理选择焊接参数,注意使烧化过程稳定、强烈,防止焊缝金属氧化,并使顶锻在足够大的压力下快速完成,以保证焊口闭合良好,且对焊接头处有适当的镦粗变形。

(3)焊后通电热处理。

RRB400 级钢筋中焊接性差的钢筋对氧化、淬火及过热较敏感,易产生氧化缺陷和脆性组织。为改善焊接质量,可采用焊后通过电热处理的方法对焊接接头进行一次退火或高温回火处理,以达到消除热影响区产生的脆性组织,改善塑性的目的。通电热处理应待接头稍冷却后进行,过早会使加热不均匀,近焊缝区容易遭受过热。热处理温度与焊接温度有关,焊接温度较低者宜采用较低的热处理温度,反之宜采用较高的热处理温度。

热处理时采用脉冲通电,其频率主要与钢筋直径和电流大小有关,钢筋较细时采用高值,钢筋较粗时采用低值。通电热处理可在对焊机上进行。其过程为:当焊接完毕后,待接头冷却至 300 ℃(钢筋呈暗黑色)以下时,松开夹具,将电极钳口调到最大距离,把焊好的接头放在两钳口间中心位置,重新夹紧钢筋。采用较低的变压器级次,对接头进行脉冲式通电加热(频率以 0.51 s/次为宜)。当加热到 750 ℃～850 ℃(钢筋呈橘红色)时,通电结束,然后让接头在空气中自然冷却。

(4)钢筋的低温对焊。

钢筋在环境温度低于－5 ℃的条件下进行对焊则属低温对

焊。在低温条件下焊接时，焊件冷却快，容易产生淬硬现象，内应力也将增大，使接头力学性能降低，给焊接带来不利因素。因此在低温条件下焊接时，应掌握好冷却速度。为使加热均匀，增大焊件受热区域，宜采用预热闪光焊或闪光—预热—闪光焊。

其焊接参数与常温相比，调伸长度应增加 10％～20％；变压器级次降低一级或二级；烧化过程中期的速度适当减慢；预热时的接触压力适当提高，预热间歇时间适当延长。

(5)焊接质量检查应对焊接头进行外观检查，并按《钢筋焊接及验收规程》(JGJ 18—2003)的规定作拉伸试验和冷弯试验(预应力筋与螺纹端杆对焊接头只作拉伸试验，不作冷弯试验)。外观检查时，接头表面不得有横向裂纹；与电极接触处的钢筋表面不得有明显的烧伤(对于 RRB400 级钢筋不得有烧伤)；接头处的弯折不得大于 4°；钢筋轴线偏移不得大于 0.1d(d 为钢筋直径)，同时不得大于 2 mm。拉伸试验时，抗拉强度不得低于该级钢筋的规定抗拉强度；试样应呈塑性断裂并断裂于焊缝之外。冷弯试验时，应将受压面的金属毛刺和镦粗变形部分去除，与母材的外表齐平。弯心直径应按《钢筋焊接及验收规程》(JGJ 18—2003)规定选取，弯曲至 90°时，接头外侧不得出现宽度大于 0.15 mm 的横向裂纹。

【技能要点 7】电渣压力焊

(1)焊接参数及操作要求。

电渣压力焊主要焊接参数包括焊接电流、焊接电压和焊接通电时间等。

焊接电流根据直径选择，它将直接影响渣池温度、黏度、电渣过程的稳定性和钢筋熔化时间。焊接电压影响电渣过程的稳定，电压过低，表示两钢筋间距过小，易产生短路；电压过高，表示两钢筋间距过大，容易产生断路，一般宜控制在 40～60 V。焊接通电时间和钢筋熔化量均根据钢筋直径大小确定。竖向钢筋电渣压力焊的焊接参数见表 3—9，全封闭自动钢筋竖、横电渣压力焊的焊接参数见表 3—10。

表 3—9　竖向钢筋电渣压力焊的焊接参数

项次	钢筋直径(mm)	焊接参数					熔化量(mm)
		焊接电流(A)	焊接电压(V)		焊接通电时间(s)		
			电弧过程	电渣过程	电弧过程	电渣过程	
1	14	200～220	35～45	22～27	12	3	20～25
2	16	200～250	35～45	22～27	14	4	20～25
3	18	250～300	35～45	22～27	15	5	20～25
4	20	300～350	35～45	22～27	17	5	20～25
5	22	350～400	35～45	22～27	18	6	20～25
6	25	400～450	35～45	22～27	21	6	20～25
7	28	500～550	35～45	22～27	24	6	25～30
8	32	600～650	35～45	22～27	27	7	25～30
9	36	700～750	35～45	22～27	30	8	25～30
10	40	850～900	35～45	22～27	33	9	25～30

表 3—10　全封闭自动钢筋竖、横电渣压力焊的焊接参数

焊接	钢筋直径(mm)	16	18	20	22	25	28	32	36
竖向	过程Ⅰ(s)	11	14	16	18	21	25	28	30
	过程Ⅱ(s)	8	8	9	10	11	13	14	14
	工作电流(A)	400	430	450	470	500	540	590	630
横向	过程Ⅰ(s)	16	16	18	20	24			
	过程Ⅱ(s)	24	28	30	36	44			
	工作电流(A)	450	500	550	600	650			

注:本表仅作为焊前试焊时的初始值,当施工现场电源电压偏离额定值较大时,应根据实际情况作适当修正。例如,当焊包偏小时,可适当增大过程Ⅰ的时间或电流,反之则减小过程Ⅰ的时间或电流。

施工时,钢筋焊接的端头要直,端面要平,以免影响接头的成型。焊接前须将上下钢筋端面及钢筋与电极块接触部位的铁锈、污物清除干净。焊剂使用前,须经 250 ℃左右烘焙 2 h,以免发生气孔和夹渣。钢丝圈用 12/14 号钢丝弯成,钢丝上的锈迹应全部清除干净,有镀锌居的钢丝应先经火烧后再清除干净。上下钢筋夹好后,应保持钢丝圈的高度(即两钢筋端部的距离)为 5～10 mm。上下钢筋要对正夹紧,焊接过程中严禁扳动钢筋,以保证钢筋自由向下,正常落下。下钢筋与焊剂桶斜底板间的缝隙,必须

用石棉布等填塞好，以防焊剂泄漏，破坏渣池。为了引弧和保持电渣过程稳定，要求电源电压保持在 380 V 以上，二次空载电压达到 80 V 左右。正式施焊前，应先做试焊，确定焊接参数后才能进行焊接施工。钢筋种类、规格变换或焊机维修后，均需进行焊接前试验。负温焊接时(气温在－5℃左右)，应根据钢筋直径的不同，延长焊接通电时间 1～3 s，适当增大焊接电流；搭设挡风设施和延时打掉渣壳，雪天不施焊等。

(2)焊前准备工作。

1)焊剂应筛净并烘干(在 250 ℃温度下烘焙 2 h)。

2)按焊机接线圈连接好电缆和导线，确保所用导线截面积合适和连接可靠。

3)根据所焊钢筋的直径，选定焊接参数的数值，用焊机控制箱面板上的拨动开关预置过程Ⅰ和Ⅱ的时间数值，调节好电焊机的限制电流。

4)将焊机控制箱面板上的“自动—手动”选择开关置于“自动”电渣焊位置，并选择好“竖向横向”焊接开关。

①将卡具的下卡钳顶丝松开两圈。卸掉端盖，取下下卡钳，然后插入横焊卡具的立管内，拧紧侧面顶丝。

②将被焊的横向钢筋分别夹紧在横焊工装左、右夹头内，铜模两端钢筋包用一层石棉布防漏，使钢筋两端位置在铜模中间，并预留间隙。被焊横向钢筋直径 25 mm 的预留间隙为 8 mm；28 mm 的预留间隙为 14 mm；32 mm 的预留间隙为 25 mm(可用附件标尺测量)，如图 3—29 所示。

③按压手控盒上的上升按钮，将卡其上卡钳上升至红线起始位置后再上升 15 mm(用附件标尺测)，夹紧同样材料、直径的填料钢筋(直径可近似横向钢筋)。并使填料钢筋端面紧压在横焊钢筋上，确保上下钢筋可靠接触。

(3)装填焊剂。

1)固定焊剂盒，塞紧石棉布防止焊剂外漏。

2)用焊剂收集铲将焊剂均匀地装入焊剂盒，并用铁片(附件标尺)捣紧钢筋周围的焊剂。

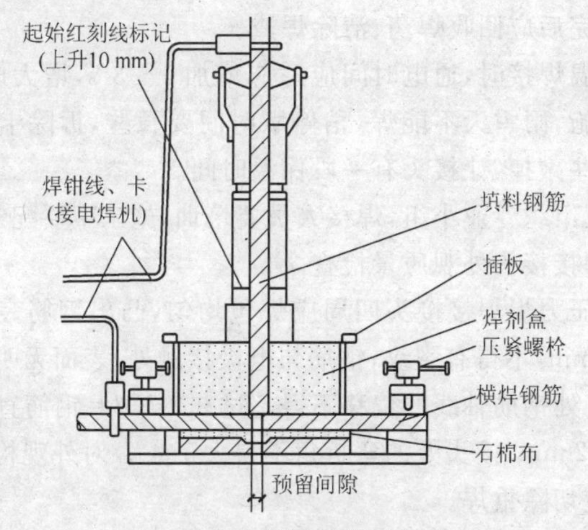

图 3—29　横焊接线示意图

(4)钢筋焊接。

1)将两把焊钳分别卡在上下钢筋或竖—横钢筋上。

2)把手控盒插在卡具控制盒插座内。

3)确认准备无误后,按压手控制盒上的启动按钮,焊接过程即自动进行,竖向焊接完成后自动停机,横向焊接完成后,卡具自动提升至上限位置,用手按压应急按钮停机。横焊结束后应松开一端顶丝,以减少收缩应力。

4)停机后,拔下控制盒,拿下焊钳,即可与另一卡具连机使用。

(5)卡具拆卸。

停机后保温 3 min(横向焊接保温 5 min),打开焊接盒回收焊剂。冬季施工应适当延长保温时间。按卡其装卡的相反顺序拆下卡其。待焊接接头完全冷却后轻轻敲打焊包,渣壳即可脱落。

(6)焊接中注意要点。

1)钢筋焊接的端头要直,端面宜平。

2)上下钢筋要对准,焊接过程中不能晃动钢筋。

3)焊接设备外壳要接地,焊接人员要穿绝缘鞋和戴绝缘手套。

4)正式焊前应进行试焊,并将试件进行试拉合格后才可正式施工。

5)焊完后应回收焊药、清除焊渣。

6)低温焊接时,通电时间应适应增加 1～3 s,增大电流量,要有挡风设施,雨雪天不能焊,稍停歇时间要长些,拆除卡具后焊壳应稍迟一些敲掉,让接头有一段保温时间。

(7)应组织专业小组,焊接人员要培训,施工中要配专业电工。

(8)焊接接头外观质量检查。

电渣压力焊焊接接头四周应焊包均匀,凸出钢筋表面的高度至少有 4 mm,不得有裂纹;钢筋与电极接触处,表面无明显烧伤等缺陷;接头处钢筋轴线的偏移不得超过 0.1d(d=钢筋直径),同时不得大于 2 mm;接头处的弯折角不得大于 4°。对外观检查不合格的接头,应切除重焊。

【技能要点 8】钢筋负温焊接

点焊早,将已除锈污的钢筋交叉点放入点焊机的两电极间,使钢筋通电发热至一定温度后,加压使焊金属焊牢。焊点应有一定的压入深度,对于热轧钢筋,压入深度为较小钢筋直径的 30%～45%;点焊冷拔低碳钢丝时,压入深度为较小钢丝直径的30%～35%。

采用点焊代替绑扎可提高工效、节约劳动力,成品刚性好,便于运输。钢筋点焊参数主要有通电时间、电流强度、电撤压力及焊点压入深度等,应根据钢筋级别、直径及焊机性能合理选择。表 3—11 和表 3—12 为采用 DN—75 型点焊机焊接热轧 HPB235 钢筋、冷拨低碳钢丝时的通电时间和电极压力。

表 3—11　采用 DN—75 点焊机焊接通电时间(单位:s)

变压器级次	较小钢筋直径(mm)							
	3	4	5	6	8	10	12	14
1	0.08	0.1	0.12					
2	0.05	0.06	0.07					
3				0.22	0.7	1.5		

续上表

变压器级次	较小钢筋直径(mm)							
	3	4	5	6	8	10	12	14
4				0.2	0.6	1.25	2.5	4
6					0.5	1	2	3.5
7					0.4	0.75	1.5	3
8						0.5	1.2	

表 3—12　采用 DN—75 型点焊机电极压力

较小钢筋直径(mm)	电极压力(kN)	
	Ⅰ级钢筋冷拔低碳钢丝	Ⅱ级钢筋
3	1.0～1.5	
4	1.0～1.5	
5	1.5～2.0	
6	2.0～2.5	
8	2.5～3.0	3.0～3.5
10	3.0～4.0	3.5～4.0
12	3.5～4.5	4.0～5.0
14	4.0～5.0	5.0～6.0

点焊时，部分电流会通过已焊好的各点而形成闭合电路，这样将使通过焊点的电流减小，这种现象叫电流的分流现象。分流会使焊点强度降低。分流大小随通路的增加而增加，随焊点距离的增加而减少。个别情况下分流可达焊点电流的 10%以上。为消除这种有害影响，施焊时应合理考虑施焊顺序或适当延长通电时间或增大电流。在焊接钢筋交卫角小于 30°的钢筋网或骨架时，也需增大电流或延长时间。

焊点应作外观检查和强度试验。合格的焊点应无脱落、漏焊、气扎、裂纹、空洞及明显烧伤，焊点处应挤出饱满而均匀的熔化金属，压入深度符合要求。热轧钢筋焊点应做抗剪试验；冷拔低碳钢丝焊点除作抗剪试验外，还应对钢丝做抗拉试验。强度指标应符合《钢筋焊接及验收规程》的规定。

采用点焊的焊接骨架和焊接网片的焊点应符合设计要求，设计术作规定时，可按下列要求进行焊接。

(1)当焊接骨架的受力钢筋为 HPB335 级时，所有相交点均须焊接。

(2)当焊接刚片的受力钢筋为 HPB235 级或冷托 HPB235 级钢筋并只有一个方向受力时，两端边缘的两根锚固横向钢筋的相交点必须焊接；若刚片为可向受力，则四周边缘的两根钢筋相交点均应焊接；其余相交点可间隔焊接。

(3)当焊接网片的受力筋为冷拔低碳钢丝，另一方向的钢丝间距小于 100 mm 时，除两端边缘的两根锚固横向钢缝相交点必须全部焊接外，中间部分焊点距离可增大至 250 mm。

(4)当焊接不同直径的钢筋。其较小钢筋的直径小于 10 mm 时，大小钢筋直径之比不宜大于 3；若较小钢筋的直径为 12 mm 或 14 mm 时，大小钢筋直径之比不宜大于 2。

(5)焊接网长度、宽度和骨架长度的允许偏差为±10 mm。焊接骨架高度允许偏差为±5 mm。网眼尺寸及箍筋间距允许偏差为 10 mm。

【技能要点 9】焊接接头无损检测技术

(1)超声波检测法

钢筋是一种带肋棒状材料。钢筋气压焊接头的缺陷一般呈平面状存在于压焊面上，而且探伤工作只能在施工现场进行。因此，采用脉冲波双探头反射法在钢筋纵肋上进行探查是切实可行的。

1)检测原理。当发射探头对接头射入超声波时，不完全接合部分对入射波进行反射，此反射波又被接收探头接收；由于接头抗拉强度与反射波强弱有很好的相关关系，故可以利用反射波的强弱来推断接头的抗拉强度，来确保接头是否合格。

2)检测方法。使用气压焊专用简易探伤仪的检测步骤如下。

①纵筋的处理用砂布或磨光机把接头镦粗两侧 100～150 mm 范围内的纵向肋清理干净，涂上耦合剂。

②测超声波最大的透过值。将两个探头分别置于镦粗同侧的两条纵肋上，反复移动探头，找到超声波最大透过量的位置，然后

调整探伤仪衰减器旋钮，直至在超声波最大透过量时，显示屏幕上的竖条数为5条为止。同材质旧直径的钢筋，每测20个接头或每隔1 h要重复一次这项操作。不同材质或不同直径的钢筋也要重做这项操作。

③检测操作。如图3—30所示，将发射探头和接收探头的振子都朝向接头接合面。把发射探头依次置于钢筋同一肋的以下3个位置上：a. 接近镦粗处；b. 距接台面1.4*d*处；c. 距接台面2*d*处。发射探头在每一个位置，都要用接收探头在另一条肋上从位置①到位置③之间来回走查。检查应在两条肋上各进行一次。

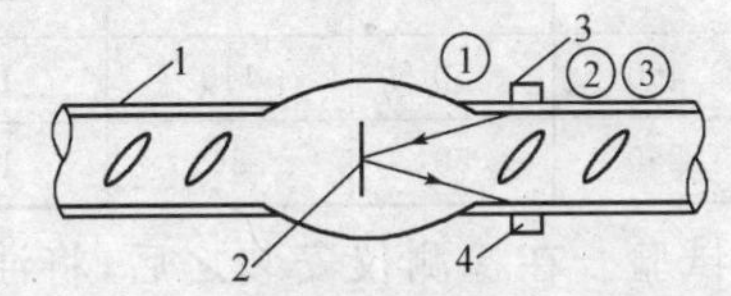

图3—30　沿纵肋二探头K形走查法

1—钢筋纵肋；2—不完全接合部；3—发射探头；4—接收探头

④合格判定。

在整个K形走查过程中，若始终没有在探伤仪的显示屏上稳定地出现3条或3条以上的竖线，即判定合格。具有两条肋上检查都合格时，才能认为该接头合格。

如果显示屏上稳定地出现3条或3条以上竖线时，探伤仪即发出嘟嘟的报警声，则判定为不合格。这时可打开探伤仪声程值按钮，读出声程值。根据声程值确定缺陷所在的部位。

3)无损张拉检测。钢筋接头无损张拉检测技术主要用于施工现场钢筋接长的普查。它具有快速、无损、轻便、直观、可靠和经济的优点，适用于各种焊接接头，如电渣压力焊、气压焊、闪光对焊，电弧焊和搭接焊的接头等以及多种机械连接接头，如锥形螺纹接头和套管挤压接头等。

①无损张拉检测仪。无损张拉检测仪实际上是一种直接安装在被测钢筋头上的微型拉力机。它由拉筋器、高压油管和手动油泵组成。拉筋器为积木式结构，安装在被测钢筋上。它是由上下锚具、垫座、油缸和百分表等测量杆件组成。当手动泵加压时，油

缸顶升锚具,使钢筋及其接头拉伸,直至预定的拉力。拉力与变形分别由压力表和百分表显示。

无损张拉检测仪的主要性能和测量精度见表3—13。一般测试时只用一个百分表,精确测量时由两个前后等距的百分表测量取平均值。所加拉力与压力表读数之间的关系应事先标定。

表3—13　无损张拉检测仪的主要性能和测量精度

机型	可测钢筋直径(mm)	额定拉力(kN)	油缸行程(mm)	拉筋器厚度(MPa)	压力表精度(mm)	百分表精度(mm)
ZL—Ⅰ	ϕ16～ϕ36	400	50	110	1.5	0.01
ZL—Ⅱ	ϕ12～ϕ25	250	50	86	1.5	0.01

②无损张拉试验。在检测仪安装之后,将油泵卸荷阀关死。开始加压时,加压速度控制在0.5～1.5 MPa/次,使压力表读数平稳上升,当升至钢筋公称屈服拉力 P_s(或某个设定的非破损拉力)时,同时记录百分表和压力表的读数,并用5倍放大镜仔细观察接头的状况。

③评定标准。每一种接头的抽检数量不应少于本批制作接头总数的2%,但至少应抽检3个。

无损张拉试验结果,必须同时符合以下3个条件,才能判定为无损张拉检测的合格接头。

a.能拉伸到公称屈服点。

b.在公称屈服拉力下接头无破损,也没有细裂纹和接头声响等异常现象。

c.屈服伸长率基本正常,对HRB335级钢筋暂定为0.15%～0.6%。

不符合上述条件之一者判定为不合格件,可取双倍数量复验。

第三节　机械连接

【技能要点1】钢筋机械连接适用范围

钢筋机械连接方法分类及适用范围见表3—14。

表 3—14　钢筋机械连接方法分类及适用范围

机械连接方法		适用范围	
		钢筋级别	钢筋直径(mm)
钢筋套筒挤压连接		HRB335、HRB400 RRB400	16～40 16～40
钢筋锥螺纹套筒连接		HRB335、HRB400 RRB400	16～40 16～40
钢筋墩粗直螺纹套筒连接		HRB335、HRB400	16～40
钢筋滚压直螺纹套筒连接	直接滚压	HRB335、HRB400	16～40
	挤肋滚压		16～40
	剥肋滚压		16～50

【技能要点 2】钢筋套筒挤压连接

采用经向挤压连接工艺挤压机简介

带肋钢筋套筒径向挤压连接工艺是采用挤压机将钢套筒挤压变形，使之紧密地咬住变形钢筋的横肋，实现两根钢筋的连接，如图 3—31 所示。它适用于任何直径变形钢筋的连接，包括同径和异径钢筋(当套筒两端外径和壁厚相同时，被连接钢筋的直径相差不应大于 5 mm)。适用于 16～40 mm 的 HPB235 级、HRB400 级带肋钢筋的径向挤压连接。

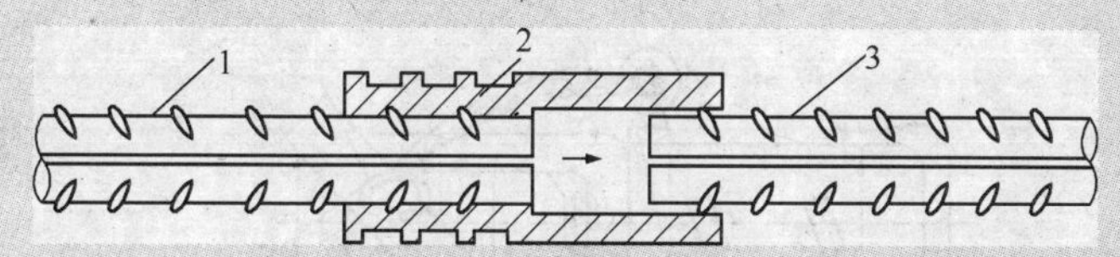

图 3—31　套筒挤压连接

1—已挤压的钢筋；2—钢套筒；3—未挤压的钢筋

(1)设备主要由挤压机、超高压泵站、平衡器、吊挂小车等组成，如图 3—32 所示。

采用径向挤压连接工艺使用的挤压机有以下几种。

1)YJ—32 型。

可用于直径 25～32 mm 变形钢筋的挤压连接。该机由于采用双作用油路和双作用油缸体，所以压接和回程速度较快。但机架宽度较小，只可用于挤压间距较小(但净距必须大于60 mm)的钢筋，如图 3—33 所示。其主要技术性能如下。

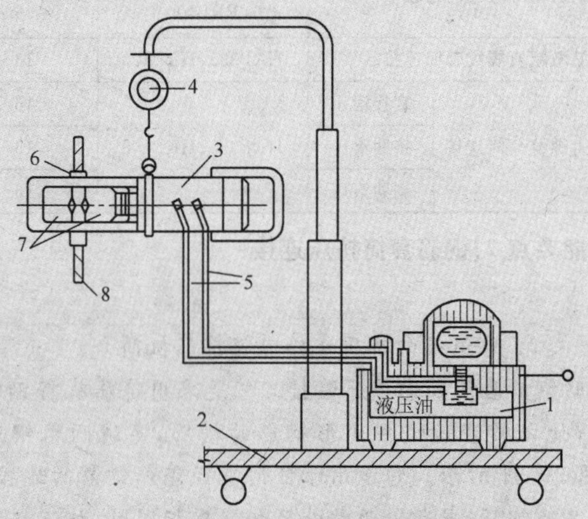

图 3—32　钢筋径向挤压连接设备示意图

1—超高压泵站；2—吊挂小车；3—挤压机；4—平衡器；5—超高压软管；6—钢套筒；7—模具；8—钢筋

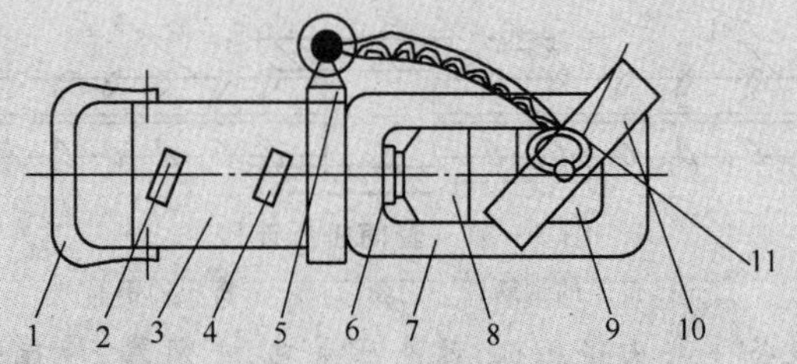

图 3—33　YJ—32 型挤压机构造简图

1—手把；2—进油口；3—缸体；4—回油口；5—吊环；6—活塞；7—机架；8、9—压模；10—卡板；11—链条

额定工作油压力：　108 MPa

额定压力：　650 kN

工作行程：　50 mm

挤压一次循环时间：　≤10 s

外形尺寸：　130 mm×160 mm（机架宽）×426 mm

自重：　约 28 kg

该机的动力源（超高压泵站）为二级定量轴向柱塞泵，输出油压为31.38～122.8 MPa，连续可调。它设有中、高压二级自动转换装置，在中压范围内输出流量可达 2.86 dm^3/min，使挤压机在中压范围内进入返程有较快的速度。当进入高压或超高压范围内，中压泵自动卸荷，用超高压的压力来保证足够的压接力。

2）YJ650 型。

用于直径 32 mm 以下变形钢筋的挤压连接，如图 3—34 所示。其主要技术性能如下。

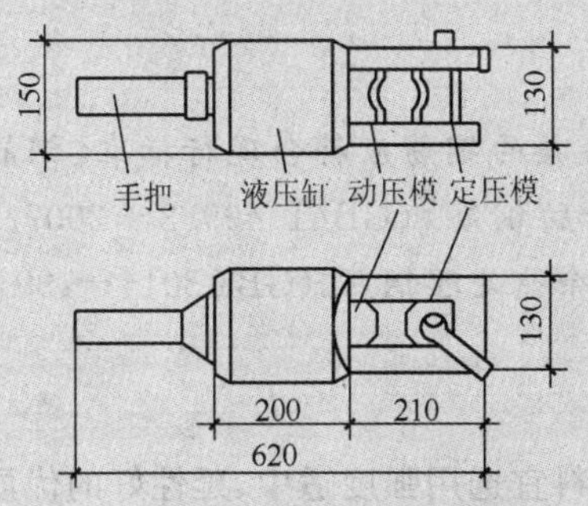

图 3—34　YJ650 型挤压机构造简图（单位：mm）

额定压力：　650 kN

外形尺寸：　144 mm×450 mm

自重：　43 kg

该机液压源可选用 ZB0.6/630 型油泵，额定油压 63 MPa。

3）YJ800 型。

用于直径 32 mm 以上变形钢筋的挤压连接，其主要技术性能如下。

额定压力：　　800 kN

外形尺寸：　　170 mm×468 mm

自重：　　55 kg

该机液压源可选用 ZB4/500 高压油泵，额定油压为 50 N/mm²。

4）YJH—25、YJH—32 和 YJH—40 径向挤压设备。

平衡器是一种辅助工具，它是利用卷簧张紧力的变化进行平衡力调节。利用平衡器吊挂挤压机，将平衡重量调节到与挤压机重量一致或稍大时，使挤压机在任何位置均达到平衡，即操作人员手持挤压机处于无重状态，在被挤压的钢筋接头附近的空间进行挤压施工作业，从而大大减轻了工人的劳动强度，提高挤压效率。

吊挂小车是车底盘下部有四个轮子，并将超高压泵放在车上，将挤压机和平衡器吊于挂钩下。这样，靠吊挂小车移动进行操作。

（2）钢筋

用于挤压连接的钢筋应符合现行标准《钢筋混凝土用钢第Ⅰ部分：热轧带肋钢筋》（GB/T 499.2－2007/XGI－2009）及《钢筋混凝土用余热处理钢筋》（GB 13014－1991）的要求。

（1）钢套筒。

钢套筒的材料宜选用强度适中、延性好的优质钢材，其实测力学性能应符合下列要求：

屈服强度 $\sigma_s = 225 \sim 350$ N/mm²，抗拉强度 $\sigma_b = 375 \sim 500$ N/mm²，延伸率 $\delta_5 \geqslant 20\%$，硬度 HB=102～133HB。

钢套筒的屈服承载力和抗拉承载力的标准值不应小于被连接钢筋的屈服承载力和抗拉承载力标准值的 1.10 倍。

钢套筒的规格和尺寸，应符合表 3—15 的规定。其允许偏差：

外径为±1%，壁厚为+12%、-10%，长度为±2 mm。

表 3—15　钢套筒的规格和尺寸

钢套筒型号	钢套筒尺寸(mm)			压接标志道数
	外径	壁厚	长度	
G40	70	12	240	8×2
G36	63	11	216	7×2
G32	56	10	192	6×2
G28	50	8	168	5×2
G25	45	7.5	150	4×2
G22	40	6.5	132	3×2
G20	36	6	120	3×2

钢套筒的尺寸与材料应与一定的挤压工艺配套，必须经生产厂型式检验认定。施工单位采用经过型式检验认定的套筒及挤压工艺进行施工，不要求对套筒原材料进行力学性能检验。

(2)准备工作。

1)钢筋端头的锈、泥沙、油污等杂物应清理干净。

2)钢筋与套筒应进行试套，如钢筋有马蹄、弯折或纵肋尺寸过大者，应预先矫正或用砂轮打磨；对不同直径钢筋的套筒不得串用。

3)钢筋端部应划出定位标记与检查标记。定位标记与钢筋端头的距离为钢套筒长度的一半，检查标记与定位标记的距离一般为 20 mm。

4)检查挤压设备情况，并进行试压，符合要求后方可作业。

(3)挤压作业。

钢筋挤压连接宜先在地面上挤压一端套筒，在施工作业区插入待接钢筋后再挤压另端套筒。

压接钳就位时，应对正钢套筒压痕位置的标记，并使压模运动方向与钢筋两纵肋所在的平面相垂直，即保证最大压接面能在钢筋的横肋上。压接钳施压顺序由钢套筒中部顺次向端部进行。每次施压时，主要控制压痕深度。

(4)套筒挤压接头质量检验

钢套筒进场,必须有原材料试验单与套筒出厂合格证,并由该技术提供单位,提交有效的型式检验报告。钢筋套筒挤压连接开始前及施工过程中,应对每批进场钢筋进行挤压连接工艺检验。工艺检验应符合下列要求:

1)每种规格钢筋的接头试件不应少于 3 个。

2)接头试件的钢筋母材应进行抗拉强度试验。

3)3 个接头试件强度均应符合现行行业标准《钢筋机械连接通用技术规程》(JGJ 107—2010)中相应等级的强度要求,对于 A 级接头,试件抗拉强度尚应大于等于 0.9 倍钢筋母材的实际抗拉强度(计算实际抗拉强度时,应采用钢筋的实际横截面面积)。

钢筋套筒挤压接头现场检验,一般只进行接头外观检查和单向拉伸试验。

(1)取样数量

同批条件为:材料、等级、型式、规格、施工条件相同。批的数量为 500 个接头,不足此数时也作为一个批验收。

对每一验收批,应随机抽取 10%的挤压接头作外观检查;抽取 3 个试件作单向拉伸试验。

在现场检验合格的基础上,连续 10 个验收批单向拉伸试验合格率为 100%时,可以扩大验收批所代表的接头数量一倍。

(2)外观检查

挤压接头的外观检查,应符合下列要求:

1)挤压后套筒长度应为 1.10～1.15 倍原套筒长度,或压痕处套筒的外径为 0.8～0.9 原套筒的外径。

2)挤压接头的压痕道数应符合型式检验确定的道数。

3)接头处弯折不得大于 4°。

4)挤压后的套筒不得有肉眼可见的裂缝。

如外观质量合格数大于等于抽检数的 90%,则该批为合格。如不合格数超过抽检数的 10%,则应逐个进行复验。在外观不合格的接头中抽取 6 个试件作单向拉伸试验再判别。

(3)单向拉伸试验

3个接头试件的抗拉强度均应满足A级或B级抗拉强度的要求。如有一个试件的抗拉强度不符合要求,则加倍抽样复验。复验中如仍有一个试件检验结果不符合要求,则该验收批单向拉伸试验判为不合格。

(4)安全措施

1)操作人员应经过专业培训,并经考核合格后,才能上岗作业。

2)在高空作业时,必须遵守高空作业的有关安全规定。

3)油泵及挤压机必须按设备使用说明书进行操作和保养。对高压油管应防止根部弯折和尖利物划坏,以防油管破裂射油伤人。

4)露天作业时,对设备的电器装置应有防雨措施。

【技能要点3】钢筋锥螺纹套筒连接

操作时,先用专用套丝机将钢筋的待连接端加工成锥形外螺纹;然后,通过带锥形内螺纹的钢连接套筒将两根待接钢筋连接;最后利用力矩扳手按规定的力矩值使钢筋和连接钢套筒拧紧在一起,如图3—35所示。

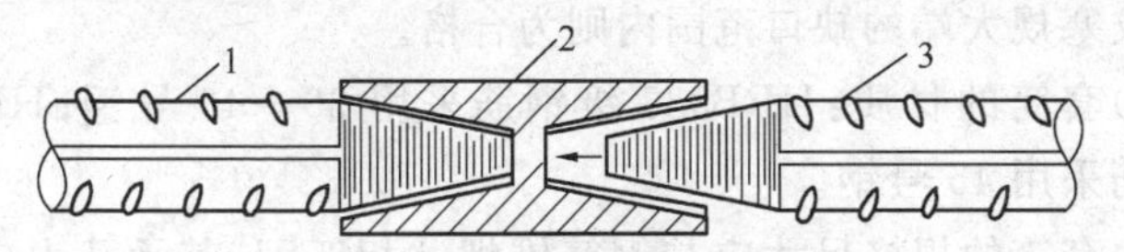

图3—35　锥螺纹钢筋连接

1—已连接的钢筋;2—锥螺纹套筒;3—未连接的钢筋

这种接头工艺简便,能在施工现场连接直径16～40 mm的热轧HRB335级、HRB400级同径和异径的竖向或水平钢筋,且不受钢筋是否带肋和含碳量的限制。适用于按一、二级抗震等级设施的工业和民用建筑钢筋混凝土结构的热轧HRB335级、HRB400级钢筋的连接施工。但不得用于预应力钢筋的连接。对于直接承受动荷载的结构构件,其接头还应满足抗疲劳性能等设计要求。

锥螺纹连接套筒的材料宜采用45号优质碳素结构钢或其他经试验确认符合要求的钢材制成,其抗拉承载力不应小于被连接钢筋受拉承载力标准值的 1.10 倍。

(1)锥螺纹连接套。

如图 3—36 所示。

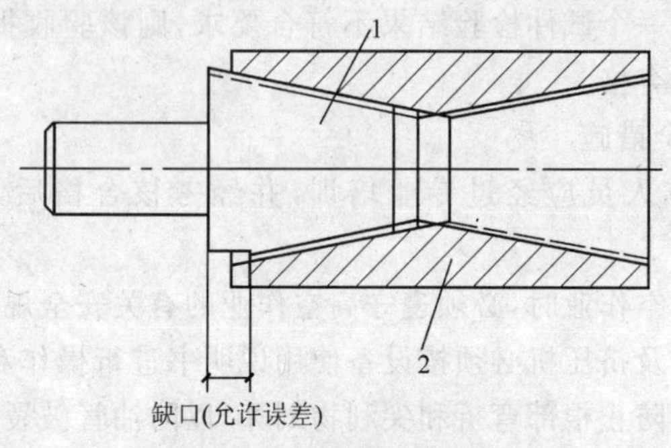

图 3—36　锥螺纹连接套

1—锥螺纹塞规；2—连接套

锥螺纹连接套的材料宜用 45 号优质碳素结构钢或其他经试验确认符合要求的材料。提供的锥螺纹连接套应有产品合格证，两端锥孔应有密封盖，套筒表面应有规格标记。进场时施工单位应进行复检，可用锥螺纹塞规拧入连接套，若连接套的大端边缘在锥螺纹塞规大端的缺口范围内则为合格。

1)套筒的材质：HRB335 级钢筋采用 30～40 号钢；HRB400 级钢筋采用 45 号钢。

2)套筒的规格尺寸应与钢筋锥螺纹相匹配，其承载力应略高于钢筋母材。

3)锥螺纹套筒的加工，宜在专业工厂进行，以保证产品质量。套筒加工后，经检验合格的产品，其两端锥孔应采用塑料密封盖封严。套筒的外表面应标有明显的钢筋级别及规格标记。

部分普通型锥螺纹套筒接头(B 级)规格尺寸，见表 3—16。

(2)钢筋锥螺纹加工。

1)钢筋应先调直再下料。钢筋下料可用钢筋切断机或砂轮锯，但不得用气割下料。下料时，要求切口端面与钢筋轴线垂直，端头不得挠曲或出现马蹄形。

表 3—16　普通形锥螺纹套筒钢筋接头(B 级)规格尺寸

钢筋公称直径	锥螺纹尺寸	l(mm)	L(mm)	D(mm)
ϕ18	ZM19×2.5	25	60	28
ϕ20	ZM21×2.5	28	65	30
ϕ22	ZM23×2.5	32	70	32
ϕ25	ZM26×2.5	37	80	35
ϕ28	ZM29×2.5	42	90	38
ϕ32	ZM33×2.5	47	100	44
ϕ36	ZM37×2.5	52	110	48
ϕ40	ZM41×2.5	57	120	52

2)加工好的钢筋锥螺纹丝头的锥度、牙形、螺距等必须与连接套的锥度、牙形、螺距一致，并应进行质量检验。检验内容包括：

①锥螺纹丝头牙形检验。

②锥螺纹丝头锥度与小端直径检验。

3)其加工工艺为：下料→套丝→用牙形规和卡规(或环规)逐个检查钢筋套丝质量→质量合格的丝头用塑料保护帽盖封，待查和待用。

锥螺纹的完整牙数，不得小于表 3—17 的规定值。

表 3—17　钢筋锥螺纹完整牙数表

钢筋直径(mm)	16～18	20～22	25～28	32	36	40
完整牙数	5	7	8	10	11	12

4)钢筋经检验合格后，方可在套丝机上加工锥螺纹。为确保钢筋的套丝质量，操作人员必须坚持上岗证制度。操作前应先调整好定位尺，并按钢筋规格配置相对应的加工导向套。对于大直径钢筋要分次加工到规定的尺寸，以保证螺纹的精度和避免损坏

梳刀。

5)钢筋套丝时,必须采用水溶性切削冷却润滑液,当气温低于0 ℃时,应掺入15%～20%亚硝酸钠,不得采用机油作切削液。

(3)钢筋连接

连接钢筋之前,先回收钢筋待连接端的保护帽和连接套上的密封盖,并检查钢筋规格是否与连接套规格相同,检查锥螺纹丝头是否完好无损、有无杂质。

连接钢筋时,应先把已拧好连接套的一端钢筋对正轴线拧到被连接的钢筋上,然后用力矩扳手按规定的力矩值把钢筋接头拧紧,不得超拧,以防止损坏接头螺纹。拧紧后的接头应画上油漆标记,以防有的钢筋接头漏拧。锥螺纹钢筋连接方法,如图3—37所示。

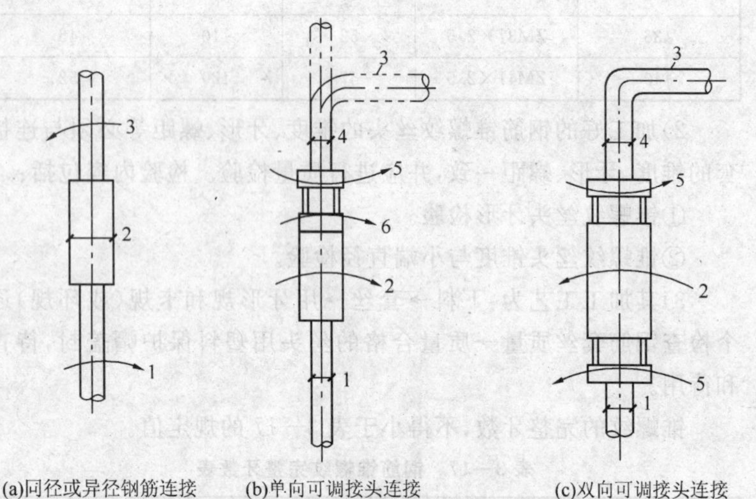

图3—37　锥螺纹钢筋连接方法

1、2、3—钢筋;4—连接套筒;5—可调连接器;6—锁母

拧紧时要拧到规定扭矩值,待测力扳手发出指示响声时,才认为达到了规定的扭矩值。锥螺纹接头拧紧力矩值见表3—18,但不得加长扳手杆来拧紧。质量检验与施工安装使用的力矩扳手应分开使用,不得混用。

表 3—18　连接钢筋拧紧力矩值

钢筋直径(mm)	16	18	20	22	25～28	32	36～40
扭紧力矩(N·m)	118	147	177	216	275	314	343

1)同径或异径钢筋连接

分别用力矩扳手将 1 与 2、2 与 3 拧到规定的力矩值。

2)单向可调接头

分别用力矩扳手将 1 与 2、3 与 4 拧到规定的力矩值，再把 5 与 2 拧紧。

3)双向可调接头

分别用力矩扳手将 1 与 2、3 与 4 拧到规定的力矩值，且保持 2、3 的外露螺纹数相等，然后分别夹住 2 与 3，把 5 拧紧。

在构件受拉区段内，同一截面连接接头数量不宜超过钢筋总数的 50%；受压区不受限制。连接头的错开间距大于 500 mm，保护层不得小于 15 mm，钢筋间净距应大于 50 mm。

在正式安装前要做三个试件，进行基本性能试验。当有一个试件不合格，应取双倍试件进行试验，如仍有一个不合格，则该批加工的接头为不合格，严禁在工程中使用。

对连接套应有出厂合格证及质保书。每批接头的基本试验应有试验报告。连接套与钢筋应配套一致。连接套应有钢印标记。

安装完毕后，质量检测员应用自用的专用测力扳手对拧紧的扭矩值加以抽检。

【技能要点 4】钢筋镦粗直螺纹套筒连接

钢筋镦粗直螺纹套筒连接是先将钢筋端头镦粗，再切削成直螺纹，然后用带直螺纹的套筒将钢筋两端拧紧的钢筋连接方法，如图 3—38 所示。

镦粗直螺纹钢筋接头的特点：钢筋端部经冷镦后不仅直径增大，使套丝后螺纹底部横截面积不小于钢筋原截面积，而且由于冷镦后钢材强度的提高，致使接头部位有很高的强度，断裂均发生于母材，达到 SA 级接头性能的要求。

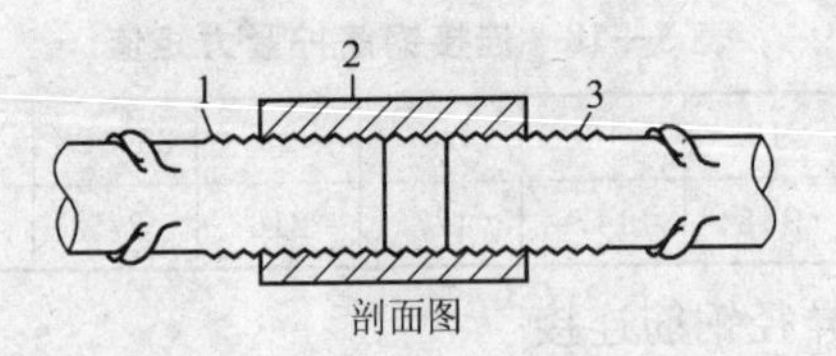

图 3—38 钢筋直螺纹套筒连接

1—已连接的钢筋；2—直螺纹套筒；3—正在拧入的钢筋

这种接头的螺纹精度高，接头质量稳定性好，操作简便，连接速度快，价格适中。

(1)镦粗直螺纹套筒

1)材质要求：对 HRB335 级钢筋，采用 45 号优质碳素钢；对 HRB400 级钢筋，采用 45 号经调质处理，或用性能不低于 HRB400 钢筋性能的其他钢种。

2)规格型号及尺寸：

①同径连接套筒，分右旋和左右旋两种，如图 3—39 所示。其尺寸见表 3—19 和表 3—20。

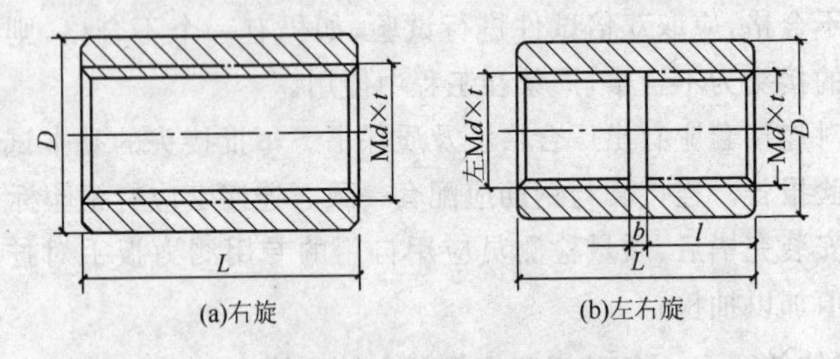

(a)右旋 (b)左右旋

图 3—39 同径连接套筒

表 3—19 同径右旋连接筒规格尺寸

型号与标记	Md×t	D(mm)	L(mm)	型号与标记	Md×t	D(mm)	L(mm)
A20S—G	24×2.5	36	50	A32S—G	36×3	52	72
A22S—G	26×2.5	40	55	A36S—G	40×3	58	80
A25S—G	29×2.5	43	60	A40S—G	44×3	65	90
A28S—G	32×3	46	65				

表 3—20　同径左右旋连接套筒规格尺寸

型号及标记	Md×t	D(mm)	L(mm)	l(mm)	b(mm)
A20SLR－G	24×2.5	38	56	24	8
A22SLR－G	26×2.5	42	60	26	8
A25SLR－G	29×2.S	45	66	29	8
A28SLR－G	32×3	48	72	31	10
A32SLR－G	36×3	54	80	35	10
A36SLR－G	40×3	60	86	38	10
A408LR－G	44×3	67	96	43	10

②异径连接套筒外形及尺寸，见表 3—21。

表 3—21　异径连接套筒规格尺寸

简　图	型号与标记	Md_1×t	Md_2×t	b	D	l	L
	AS20－22	M26×2.5	M24×2.5	5	ϕ42	26	57
	AS22－25	M29×2.5	M26×2.5	5	ϕ45	29	63
	AS25－28	M32×3	M29×2.5	5	ϕ48	31	67
	AS28－32	M36×3	M32×3	6	ϕ54	35	76
	AS32－36	M40X3	M36×3	6	ϕ60	38	82
	AS36－40	M44×3	M40×3	6	ϕ67	43	92

③可调节连接套筒外形及尺寸，见表 3—22。

表 3—22　可调节连接套筒规格尺寸

简　图	型号及规格	钢筋规格 ϕ(mm)	D_0 (mm)	L_0 (mm)	L' (mm)	L_1 (mm)	L_2 (mm)
	DSJ－22	ϕ22	40	73	52	35	35
	DSJ－25	ϕ25	45	79	52	40	40
	DSJ－28	ϕ28	48	87	60	45	45
	DsJ－32	ϕ32	55	89	60	50	50
	DSJ－36	ϕ36	64	97	66	55	55
	DSJ－40	ϕ40	68	121	84	60	60

3）质量要求

①连接套筒表面无裂纹，螺牙饱满，无其他缺陷。

②牙形规检查合格,用直螺纹塞规检查其尺寸精度。

连接套筒两端头的孔,必须用塑料盖封上,以保持内部洁净,干燥防锈。

连接套筒的分类

(1)按接头使用要求分类

1)标准型:用于钢筋可自由转动的场合。利用钢筋端头相互对顶力锁定连接件,可选用标准型或变径型连接套筒。

2)加长型:用于钢筋过于长而密集,不便转动的场合。连接套筒预先全部拧入一根钢筋的加长螺纹上,再反拧入被接钢筋的端螺纹,转动钢筋1/2～1圈即可锁定连接件,可选用标准型连接套筒。

3)加锁母型:用于钢筋完全不能转动的场合,如弯折钢筋以及桥梁灌注桩等钢筋笼的相互对接。将锁母和连接套筒预先拧入加长螺纹,再反拧入另一根钢筋端头螺纹,用锁母锁定连接套筒。可选用标准型或扩口型连接套筒加锁母。

4)正反螺纹型:用于钢筋完全不能转动而要求调节钢筋内力的场合,如施工缝、后浇带等。连接套筒带正反螺纹,可在一个旋合方向中松开或拧紧二根钢筋,应选用带正反螺纹的连接套筒。

5)扩口型:用于钢筋较难对中的场合,通过转动套筒连接钢筋。

6)变径型:用于连接不同直径的钢筋。各型接头连接方法,如图3—40所示。

(2)按接头套筒分类

1)标准型套筒:带右旋等直径内螺纹,端部两个螺距带有锥度。

2)扩口型套筒:带右旋等直径内螺纹,一端带有45°或60°的扩口,以便于对中入扣。

3)变径型套筒：带右旋两端具有不同直径的内直螺纹，用于连接不同直径的钢筋。

4)正反扣型套筒：套筒两端各带左、右旋等直径内螺纹，用于钢筋不能转动的场合。

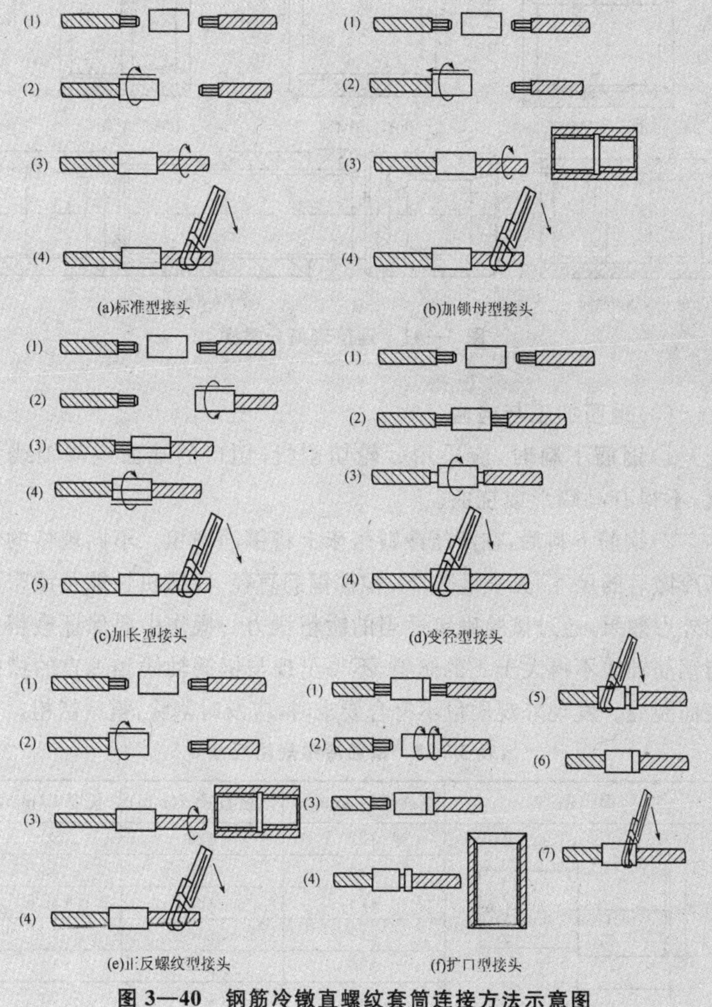

图 3—40　钢筋冷镦直螺纹套筒连接方法示意图

5)可调型套筒：套筒中部带有加长型调节螺纹，用于钢筋轴向位置不能移动且不能转动时的连接。

连接套筒分类如图 3—41 所示。

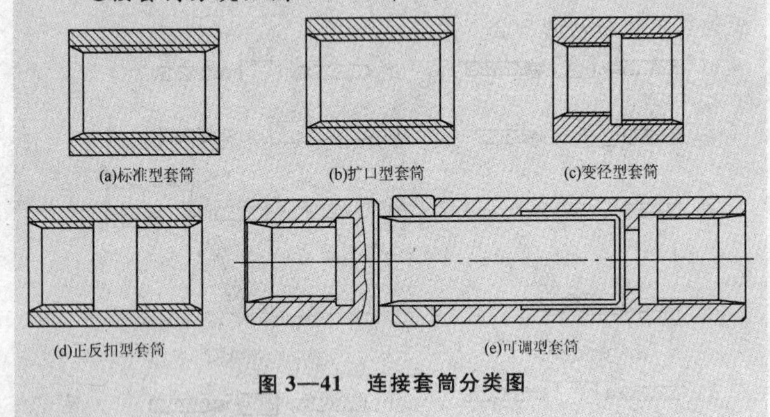

图 3—41　连接套筒分类图

(3)钢筋加工与检验

1)钢筋下料时，应采用砂轮切割机，切口的端面应与轴线垂直，不得有马蹄形或挠曲。

2)钢筋下料后，在液压冷锻压床上将钢筋镦粗。不同规格的钢筋冷镦后的尺寸，见表 3—23。根据钢筋直径、冷镦机性能及镦粗后的外形效果，通过试验确定适当的镦粗压力。操作中要保证镦粗头与钢筋轴线不得大于 4°的倾斜，不得出现与钢筋轴线相垂直的横向表面裂缝。发现外观质量不符合要求时，应及时割除，重新镦粗。

表 3—23　钢筋冷镦规格尺寸

简　图	钢筋规格 φ(mm)	镦粗直径 d(mm)	长度 L(mm)
≤1∶3　d　φ　L	φ22	φ26	30
	φ25	φ29	33
	φ28	φ32	35
	φ32	φ36	40
	φ36	φ40	44
	φ40	φ44	50

3)钢筋冷镦后，在钢筋套丝机上切削加工螺纹。钢筋端头螺

纹规格应与连接套筒的型号匹配。钢筋螺纹加工质量:牙形饱满、无断牙、秃牙等缺陷。

4)钢筋螺纹加工后,随即用配置的量规逐根检测,如图3—42所示。合格后,再由专职质检员按一个工作班10%的比例抽样校验。如发现有不合格螺纹,应全部逐个检查,并切除所有不合格螺纹,重新镦粗和加工螺纹。

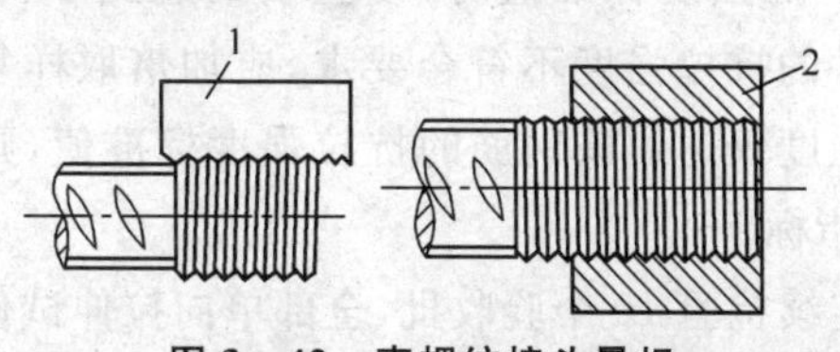

图3—42　直螺纹接头量规

1—牙形规;2—直螺纹环规

(4)现场连接施工

对连接钢筋可自由转动的,先将套筒预先部分或全部拧入一个被连接钢筋的螺纹内,而后转动连接钢筋或反拧套筒到预定位置,最后用扳手转动连接钢筋,使其相互对顶锁定连接套筒。

对于钢筋完全不能转动,如弯折钢筋或还要调整钢筋内力的场合,如施工缝、后浇带,可将锁定螺母和连接套筒预先拧入加长的螺纹内,再反拧入另一根钢筋端头螺纹上,最后用锁定螺母锁定连接套筒;或配套应用带有正反螺纹的套筒,以便从一个方向上能松开或拧紧两根钢筋。

直螺纹钢筋连接时,应采用扭力扳手按表3—24规定的力矩值把钢筋接头拧紧。

表3—24　直螺纹钢筋接头拧紧力矩值

钢筋直径(mm)	16～18	20～22	25	28	32	36～40
拧紧力矩(N·m)	100	200	250	280	320	350

(5)接头质量检验

钢筋连接开始前及施工过程中,应对每批进场钢筋进行接头连接工艺检验。每种规格钢筋的接头试件不应少于3个,作单向拉伸试验。其抗拉强度应能发挥钢筋母材强度或大于1.15倍钢筋抗拉强度标准值。

接头的现场检验按验收批进行。同一施工条件下采用同一批材料的同等级别、同规格接头，以 500 个为 1 个验收批。对接头的每一个验收批，必须在工程结构中随机抽取 3 个试件做单向拉伸试验。当 3 个试件的抗拉强度都能发挥钢筋母材强度或大于 1.15 倍钢筋抗拉强度标准值时，该验收批达到 SA 级强度指标。如有 1 个试件的抗拉强度不符合要求，应加倍取样复验。如 3 个试件的抗拉强度仅达到该钢筋的抗拉强度标准值，则该验收批降为 A 级强度指标。

在现场连续检验 10 个验收批，全部单向拉伸试件一次抽样均合格时，可扩大一倍验收批接头数量。

【技能要点 5】钢筋滚压直螺纹套筒连接

(1)滚压直螺纹加工与检验

1)直接滚压螺纹加工。

采用钢筋滚螺纹机（型号：GZL—32、GYZL—40、GSJ—40、HGS40 等）直接滚压螺纹。此法螺纹加工简单，设备投入少；但螺纹精度差，由于钢筋粗细不均导致螺纹直径差异，施工受影响。

2)挤肋滚压螺纹加工。

采用专用挤压设备滚轮先将钢筋的横肋和纵肋进行预压平处理，然后再滚压螺纹。其目的是减轻钢筋肋对成型螺纹的影响。此法对螺纹精度有一定提高，但仍不能从根本上解决钢筋直径差异对螺纹精度的影响，螺纹加需要两套设备。

3)剥肋滚压螺纹加工。

采用钢筋剥肋滚螺纹机（型号：GHG40、GHG50），先将钢筋的横肋和纵肋进行剥切处理后，使钢筋滚螺纹前的柱体直径达到同一尺寸，然后再进行螺纹滚压成型。此法螺纹精度高，接头质量稳定，施工速度快，价格适中，具有较大的发展前景。

剥肋滚丝头加工尺寸应符合表 3—25 的规定。丝头加工长度为标准型套筒长度的 1/2，其公差为 $+2P$（P 为螺距）。

表 3—25　剥肋滚丝头加工尺寸

规格	剥肋直径(mm)	螺纹尺寸(mm)	丝头长度(mm)	完整螺纹圈数
16	15.1±0.2	M16.5×2	22.5	≥8
18	16.9±0.2	M19×2.5	27.5	≥7
20	18.8±0.2	M21×2.5	30	≥8
22	20.8±0.2	M23×2.5	32.5	≥9
25	23.7±0.2	M26×3	35	≥9
28	26.6±0.2	M29×3	40	≥10
32	30.5±0.2	M33×3	45	≥11
36	34.5±0.2	M37×3.5	49	≥9
40	38.1±0.2	M41×3.5	52.5	≥10

操作工人应按表 3—25 的要求检查丝头加工质量，每加工 10 个丝头用通、止环规检查一次，如图 3—43 所示。经自检合格的丝头，应由质检员随机抽样进行检验，以一个工作班内生产的丝头为一个验收批，随机抽样 10%，且不得少于 10 个。当合格率小于 95%时，应加倍抽检，复检中合格率仍小于 95%时，应对全部钢筋丝头逐个进行检验，切去不合格丝头，查明原因，并重新加工螺纹。

(2)滚压直螺纹套筒

滚压直螺纹接头用连接套筒，采用优质碳素结构钢。连接套筒的类型有：标准型、正反螺纹型、变径型、可调型等。

滚压直螺纹接头用连接套筒的规格与尺寸应符合表 3—26、表 3—27 和表 3—28 的规定。

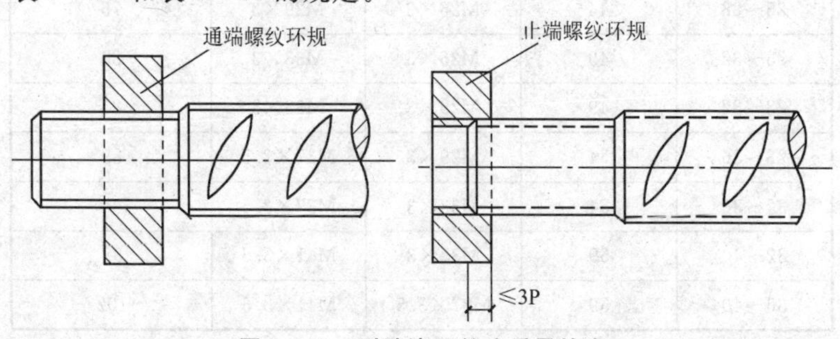

图 3—43　剥肋滚压丝头质量检查

表 3—26 标准型套筒的几何尺寸(单位:mm)

规格	螺纹直径	套筒外径	套筒长度
16	M16.5×2	25	45
18	M19×2.5	29	55
20	M21×2.5	31	60
22	M23×2.5	33	65
25	M26×3	39	70
28	M29×3	44	80
32	M33×3	49	90
36	M37×3.5	54	98
40	M41×3.5	59	105

表 3—27 常用变径型套筒几何尺寸(单位:mm)

套筒规格	外径	小端螺纹	大端螺纹	套筒总长
16～18	29	M16.5×2	M19×2.5	50
16～20	31	M16.5×2	M21×2.5	53
18～20	31	M19×2.5	M21×2.5	58
18～22	33	M19×2.5	M23×2.5	60
20～22	33	M21×2.5	M23×2.5	63
20～25	39	M21×2.5	M26×3	65
22～25	39	M23×2.5	M26×3	68
22～28	44	M23×2.5	M29×3	73
25～28	44	M26×3	M29×3	75
25～32	49	M26×3	M33×3	80
28～32	49	M29×3	M33×3	85
28～36	54	M29×3	M37×3.5	89
32～36	54	M33×3	M37×3.5	94
32～40	59	M33×3	M41×3.5	98
36～40	59	M37×3.5	M41×3.5	102

表 3—28　可调型套筒几何尺寸(单位:mm)

规格	螺纹直径	套筒总长	旋出后长度	增加长度
16	M16.5×2	118	141	96
18	M19×2.5	141	169	114
20	M21×2.5	153	183	123
22	M23×2.5	166	199	134
25	M26×3	179	214	144
28	M29×3	199	239	159
32	M33×3	222	267	117
36	M37×3.5	244	293	195
40	M41×3.5	261	314	209

注:表中“增加长度”为可调型套筒比普通套筒加长的长度,施工配筋时应将钢筋的长度按此数进行缩短。

(3)现场连接施工

1)连接钢筋时,钢筋规格和套筒的规格必须一致,钢筋和套筒的螺纹应干净、完好无损。

2)采用预埋接头时,连接套筒的位置、规格和数量应符合设计要求。带连接套筒的钢筋应固定牢靠,连接套筒的外露端应有保护盖。

3)滚压直螺纹接头应使用扭力扳手或管钳进行施工,将两个钢筋丝头在套筒中间位置相互顶紧,接头拧紧力矩应符合规定。扭力扳手的精度为±5%。

4)经拧紧后的滚压直螺纹接头应做出标记,单边外露螺纹长度不应超过 $2P$。

5)根据待接钢筋所在部位及转动难易情况,选用不同的套筒类型,采取不同的安装方法,如图 3—44～图 3—47 所示。

(4)接头质量检查

工程中应用滚压直螺纹接头时,技术提供单位应提交有效的型式检验报告。

钢筋连接作业开始前及施工过程中,应对每批进场钢筋进行接头连接工艺检验。工艺检验应符合下列要求：

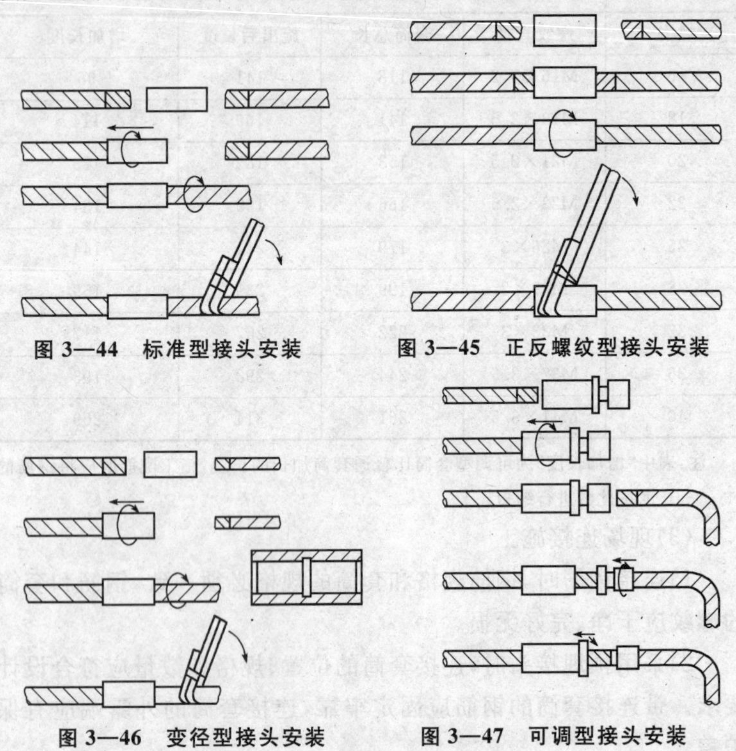

图 3—44　标准型接头安装

图 3—45　正反螺纹型接头安装

图 3—46　变径型接头安装

图 3—47　可调型接头安装

1)每种规格钢筋的接头试件不应少于 3 根。

2)接头试件的钢筋母材应进行抗拉强度试验。

3)3 根接头试件的抗拉强度均不应小于该级别钢筋抗拉强度的标准值，同时尚应不小于 0.9 倍钢筋母材的实际抗拉强度。

现场检验应进行拧紧力矩检验和单向拉伸强度试验。对接头有特殊要求的结构，应在设计图纸中另行注明相应的检验项目。

滚压直螺纹接头的单向拉伸强度试验按验收批进行。同一施工条件下采用同一批材料的同等级、同型式、同规格接头，以 500 个为一个验收批进行检验。

在现场连续检验十个验收批，其全部单向拉伸试验一次抽样合格时，验收批接头数量可扩大为 1 000 个。

对每一验收批，应在工程结构中随机抽取 3 个试件做单向拉伸试验。当 3 个试件抗拉强度均不小于 A 级接头的强度要求时，该验收批判为合格。如有一个试件的抗拉强度不符合要求，则应加倍取样复验。

滚压直螺纹接头的单向拉伸试验破坏形式有三种：钢筋母材拉断、套筒拉断、钢筋从套筒中滑脱，只要满足强度要求，任何破坏形式均可判断为合理。

第四章　钢筋安装

第一节　基本规定

【技能要点1】混凝土保护层

钢筋的安装除满足绑扎和焊接连接的各项要求外，尚应注意保证受力钢筋的混凝土保护层厚度，当设计无具体要求时应满足表4—1的要求。工地常用预制水泥砂浆垫块垫在钢筋与模板之间，以控制保护层厚度。为防止垫块串动，常用细铁丝将垫块与钢筋扎牢，上下钢筋网片之间的尺寸可用绑扎短钢筋的方法来控制。

表4—1　钢筋的混凝土保护层厚度

环境与条件	构件名称（mm）	混凝土强度等级		
		低于C25	C25及C30	高于C30
室内正常环境	板、墙、壳（mm）	15		
	梁和柱（mm）	25		
露天或室内高湿度环境	板、墙、壳（mm）	35	25	15
	梁和柱（mm）	45	35	25
有垫层	基础（mm）	35		
无垫层		70		

【技能要点2】钢筋现场绑扎安装

(1)钢筋绑扎应熟悉施工图纸，核对成品钢筋的级别、直径、形状、尺寸和数量，核对配料表和料牌，如有出入，应予纠正或增补，同时准备好绑扎用铁丝、绑扎工具、绑扎架等。

(2)对形状复杂的结构部位，应研究好钢筋穿插就位的顺序及与模板等其他专业的配合先后次序。

(3)基础底板、楼板和墙的钢筋网绑扎,除靠近外围两行钢筋的相交点全部绑扎外,中间部分交叉点可间隔交错扎牢;双向受力的钢筋则需全部扎牢。相邻绑扎点的铁螺纹要成八字形,以免网片歪斜变形。钢筋绑扎接头的钢筋搭接处,应在中心和两端用铁丝扎牢。

(4)结构采用双排钢筋网时,上下两排钢筋网之间应设置钢筋撑脚或混凝土支柱(墩),每隔 1 m 放置一个,墙壁钢筋网之间应绑扎 6～10 mm 钢筋制成的撑钩,间距约为 1.0 m,相互错开排列;大型基础底板或设备基础,应用 16～25 mm 钢筋或型钢焊成的支架来支承上层钢筋,支架间距为 0.8～1.5 m;梁、板纵向受力钢筋采取双层排列时,两排钢筋之间应垫以直径 25 mm 以上短钢筋,以保证间距正确。

(5)梁、柱箍筋应与受力筋垂直设置,箍筋弯钩叠合处应沿受力钢筋方向张开设置,箍筋转角与受力钢筋的交叉点均应扎牢;箍筋平直部分与纵向交叉点可间隔扎牢,以防止骨架歪斜。

(6)板、次梁与主筋交叉处,板的钢筋在上,次梁的钢筋居中,主梁的钢筋在下;当有圈梁或垫梁时,主梁的钢筋应放在圈梁上。受力筋两端的搁置长度应保持均匀一致。框架梁牛腿及柱帽等钢筋,应放在柱的纵向受力钢筋内侧,同时要注意梁顶面受力筋间的净距要有 30 mm,以利于浇筑混凝土。

(7)预制柱、梁、屋架等构件常采取底模上就地绑扎,应先排好箍筋,再穿入受力筋,然后绑扎牛腿和节点部位钢筋,以减少绑扎困难和复杂性。

【技能要点 3】绑扎钢筋网与钢筋骨架安装

(1)钢筋网与钢筋骨架的分段(块),应根据结构配筋特点及起重运输能力而定。一般钢筋网的分块面积以 6～20 m^2 为宜,钢筋骨架的分段长度以 6～12 m 为宜。

(2)钢筋网与钢筋骨架,为防止在运输和安装过程中发生歪斜变形,应采取临时加固措施,图 4—1 是绑扎钢筋网的临时加固情况。

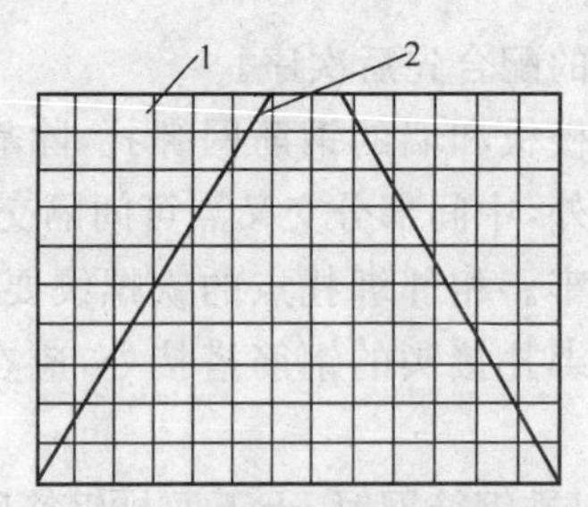

图 4—1　绑扎钢筋网的临时加固

1—钢筋网；2—加固钢筋

(3)钢筋网与钢筋骨架的吊点，应根据其尺寸、重量及刚度而定。宽度大于 1 m 的水平钢筋网宜采用四点起吊，跨度小于 6m 的钢筋骨架宜采用两点起吊，如图 4—2(a)所示。跨度大，刚度差的钢筋骨架宜采用横吊梁(铁扁担)四点起吊，如图 4—2(b)所示。为了防止吊点处钢筋受力变形，可采取兜底吊或加短钢筋。

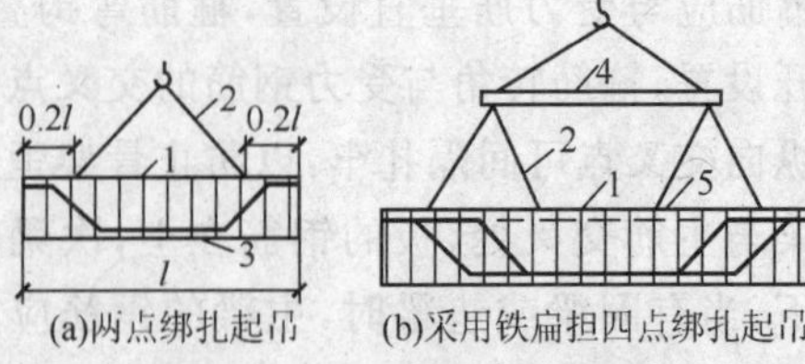

图 4—2　钢筋绑扎骨架起吊

1—钢筋骨架；2—吊索；3—兜底索；4—铁扁担；5—短钢筋

(4)焊接网和焊接骨架沿受力钢筋方向的搭接接头，宜位于构件受力较小的部位，如承受均布荷载的简支受弯构件，焊接网受力钢筋接头宜放置在跨度两端各四分之一跨长范围内。

(5)受力钢筋直径≥16 mm 时，焊接网沿分布钢筋方向的接头宜辅以附加钢筋网，如图 4—3 所示，其每边的搭接长度 $L_d = 15d$ (d 为分布钢筋直径)，但不小于 100 mm。

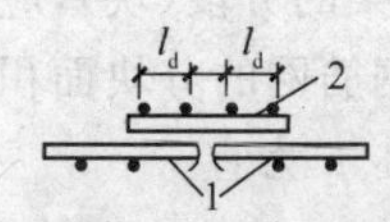

图 4—3　接头附加钢筋网

1—基本钢筋网；2—附加钢筋网

【技能要点4】焊接钢筋骨架和焊接网安装

(1)焊接骨架和焊接网的搭接接头,不宜位于构件和最大弯矩处,焊接网在非受力方向的搭接长度宜为100 mm;受拉焊接骨架和焊接网在受力钢筋方向的搭接长度应符合设计规定;受压焊接骨架和焊接网在受力钢筋方向的搭接长度,可取受拉焊接骨架和焊接网在受力钢筋方向的搭接长度的0.7倍。

(2)在梁中,焊接骨架的搭接长度内应配置箍筋或短的槽形焊接网。箍筋或网中的横向钢筋间距不得大于$5d$。对轴心受压或偏心受压构件中的搭接长度内,箍筋或横向钢筋的间距不得大于$10d$。

(3)在构件宽度内有若干焊接网或焊接骨架时,其接头位置应错开。在同一截面内搭接的受力钢筋的总截面面积不得超过受力钢筋总截面面积的50%;在轴心受拉及小偏心受拉构件(板和墙除外)中,不得采用搭接接头。

(4)焊接网在非受力方向的搭接长度宜为100 mm。当受力钢筋直径≥16 mm时,焊接网沿分布钢筋方向的接头宜辅以附加钢筋网,其每边的搭接长度为$15d$。

第二节　现场绑扎

【技能要点1】钢筋现场基础绑扎

钢筋模内绑扎的一般顺序为:画线→摆筋→穿筋→绑扎安放扩建块等。

【技能要点2】独立柱基础钢筋绑扎

(1)独立柱基础钢筋绑扎顺序

基础钢筋网片→插筋→柱受力钢筋→柱箍筋。

(2)施工要点

1)独立柱基础钢筋为双向弯曲钢筋,其底面短向与长向钢筋的布置,应按设计图纸要求。

2)钢筋网片绑扎时,要将钢筋的弯钩朝上,不要倒向一边,绑扎时，应先绑扎底面钢筋的两端，以便固定底面钢筋的位置。

3)柱钢筋与插筋绑扎接头，绑扣要向里，便于箍筋向上移动。

4)在绑扎柱钢筋时，其纵向筋应使弯钩朝向柱心。

5)箍筋弯钩叠合处需错开。

6)插筋需用木条井字架固定在外模板上。

7)现浇柱与基础连接用的插筋应比柱的箍筋缩小一个柱主筋直径，以便连接。

【技能要点 3】条形基础钢筋绑扎

(1)钢筋绑扎顺序

绑扎底板网片→绑扎条形骨架。

(2)施工要点

1)一般在支模前进行就地绑扎，借助绑扎架支起上、下纵筋和弯起钢筋。

2)套入箍筋后，放下部纵筋。

3)箍筋按画线间距就位。

4)将上、下纵筋及夸起钢筋排列均匀，进行绑扎。

5)绑扎成型后抽出绑扎架，将骨架放在底板钢筋上并进行绑扎。

【技能要点 4】牛腿柱钢筋骨架绑扎

(1)钢筋绑扎顺序

绑扎下柱钢筋→绑扎牛腿钢筋→绑扎上柱钢筋。

(2)操作要点

1)在搭接长度内，绑扣要向柱内，便于箍筋向上移动。

2)柱子上筋若有弯钩，弯钩应朝向柱心。

3)绑扎接头的搭接长度，应符合设计要求和规范规定。

4)牛腿部位的箍筋，应按变截面计算加工尺寸。

5)结构为多层时，下层柱的钢筋露出楼面部分，宜用工具式柱箍将其收进一个柱主筋直径，以便上下层钢筋的连接。

6)牛腿钢筋应放在柱的纵向钢筋内侧。

【技能要点 5】钢筋过梁的绑扎

(1)绑扎顺序

支设绑扎架→画钢筋间距点→绑扎成型，如图 4—4 所示。

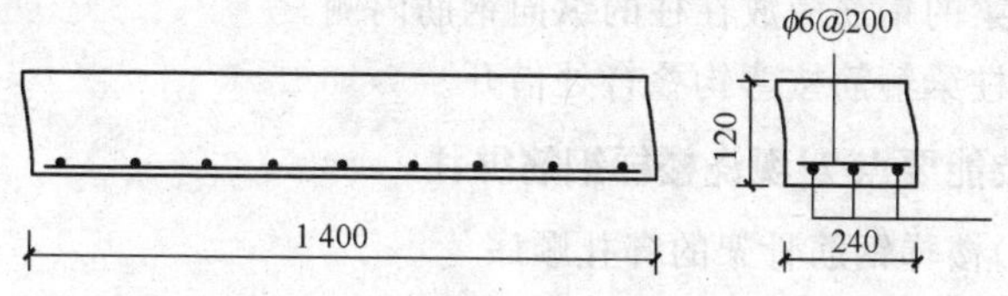

图 4—4　过梁配筋图(单位:mm)

(2)施工要点

1)过梁钢筋在马凳式绑扎架上进行，两绑扎架组成工作架时，应互相平行，如图 4—5 所示。

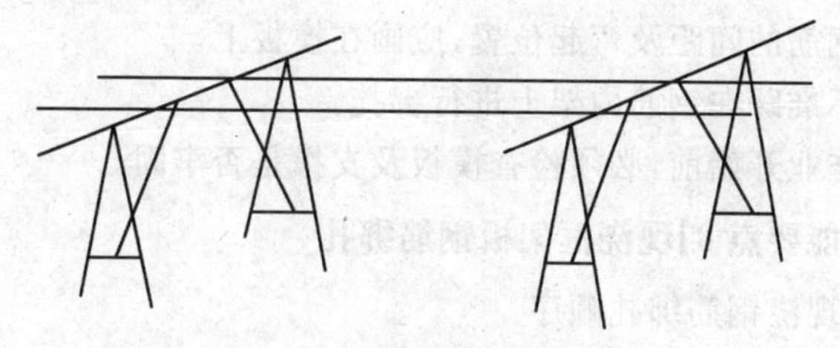

图 4—5　马凳式钢筋绑扎架

2)绑扎时，纵向钢筋的间距点画在两端绑扎架的横杆上，横向钢筋的间距点画在两侧的纵向钢筋上。

3)采用一右顺扣法绑扎成型，绑扎钢丝缠绕方向应交换，绑扎钢丝头不应弯向保护层。

4)绑扎完毕后，检查整体尺寸是否与模板尺寸相适应，间距尺寸也应符合要求。

【技能要点 6】梁柱节点钢筋绑扎

(1)绑扎顺序

支设模板→立下柱钢筋→绑扎下柱箍筋→绑扎上下柱钢筋→绑扎上柱箍筋→从柱主筋内则穿梁的上部钢筋和弯起钢筋→套梁箍筋→穿入梁底部钢筋→绑扎牢固→检查。

(2)施工要点

1)柱的纵向钢筋弯钩应朝向柱心。

2)箍筋的接头应交错布置在柱四个角的纵向钢筋上。

3)箍筋转角与纵向钢筋交叉点均应绑扎牢固。

4)梁的钢筋应放在柱的纵向钢筋内侧。

5)柱梁箍筋按弯钩叠合处借开。

【技能要点 7】现浇楼梯钢筋绑扎

(1)楼梯钢筋骨架的绑扎顺序

模板上画线→钢筋入模→绑扎受力→钢筋和分布筋→检查→成品保护。

(2)施工要点

1)钢筋的弯钩应全部向内。

2)钢筋的间距及弯起位置,应画在模板上。

3)不准踩在钢筋内架上进行绑扎。

4)作业开始前,必须检查模板及支撑是否牢固。

【技能要点 8】现浇框架板钢筋绑扎

(1)现浇钢筋绑扎顺序

清理模板→模板上画线→绑扎下层钢筋→绑上层(负弯矩)钢筋。

(2)施工要点

1)清扫模板上杂物,在模板上画好主筋、分布筋间距。

2)按画好的间距,先摆受力主筋,再放分布筋。预埋件电线管、预留孔等及时配合安装。

3)钢筋搭接长度、位置的规定应符合规范要求。

4)除外围两根筋的交叉全部绑扎外,其余各点可交错绑扎(双向板相交点须全部绑扎),如板为双层钢筋,两层筋之间须加钢筋马凳,以确保上部钢筋的位置。

5)绑扎负弯矩钢筋,每个扣均要绑扎。

【技能要点 9】现浇悬挑雨篷钢筋绑扎

(1)主、副筋位置应摆放正确,不可放错。

(2)雨篷梁与板的钢筋应保证锚固尺寸。

(3)雨篷钢筋骨架在模内绑扎时,不准踩在钢筋架上进行绑扎。

(4)钢筋的弯钩应全部向内。

(5)雨篷板的上部受拉,故 ϕ8 钢筋在上,ϕ6 钢筋在下,切勿颠倒。

(6)雨篷板双向钢筋的交叉点均应绑扎,钢丝方向呈八字形。

(7)应垫放足够数量的马凳,确保钢筋位置的准确。

(8)高空作业时要注意安全。

【技能要点 10】肋形楼盖钢筋绑扎

(1)钢筋绑扎顺序

主梁筋→次梁筋→板钢筋。

(2)施工要点

1)处理好主梁、次梁、板三者关系。

2)纵向受力钢筋采用双排布置时,两排钢筋之间宜垫以直径≥25 mm的短钢筋,以保持其距离。

3)箍筋的接头应交错布置在两根架立钢筋上。

4)板上的负弯矩筋,要严格控制其位置,防止被踩下。

5)板、次梁与主梁的交叉处,板的钢筋在上,次梁的钢筋居中,主梁的钢筋在下,如图 4—6 所示。当有圈梁或垫梁时,主梁的钢筋在上,如图 4—7 所示。

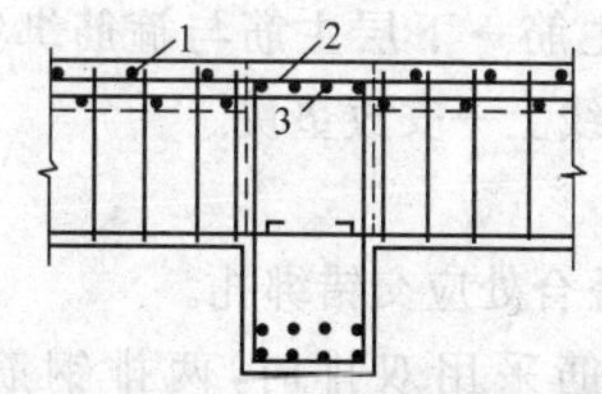

图 4—6　板、次梁与主梁交叉处钢筋

1—板的钢筋;2—次梁钢筋;3—主梁钢筋

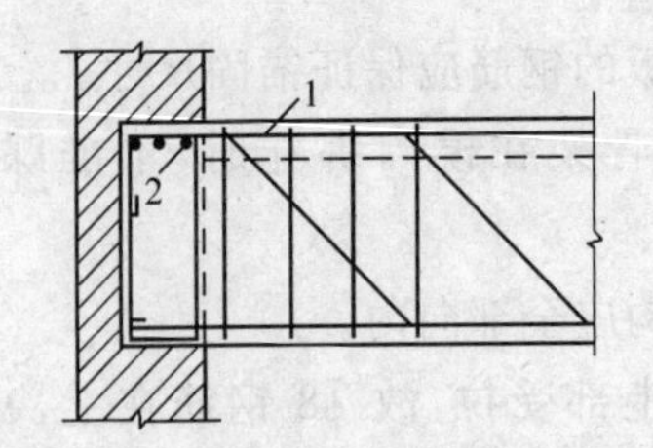

图 4—7　主梁与扩建梁交叉处钢筋

1—主梁钢筋;2—垫梁钢筋

【技能要点 11】墙板钢筋绑扎

(1)绑扎顺序

立外模并画线→绑外外侧网片→绑扎内侧网片→绑扎拉筋→安放保护层垫块→设置撑铁→检查→立内模。

(2)施工要点

1)垂直钢筋每段长度不宜超过 4～6 m。

2)水平钢筋每段长度不宜超过 8 m。

3)钢筋的弯钩应朝向混凝土。

4)采用双层钢筋网时,必须设置直径 6～12 cm 的钢筋撑铁,间距 80～100 cm,相互错开排列。

【技能要点 12】地下室钢筋绑扎

(1)梁钢筋绑扎

1)梁钢筋绑扎顺序。

将梁架立筋两端架在骨架绑扎架上→画箍筋间距→绑箍筋→穿梁下层纵向受力主筋→下层主筋与箍筋绑牢→抽出骨架绑扎架,骨架落在梁位置线上→安放垫块。

2)施工要点。

①箍筋弯钩的叠合处应交错绑扎。

②如果纵向钢筋采用双排时,两排钢筋之间应垫以直径 25 mm的短钢筋。

(2)地下室底板钢筋绑扎

1)底板钢筋绑扎顺序。

画底板钢筋间距→摆放下层钢筋→绑扎下层钢筋→摆放钢筋马凳(钢筋支架)→绑上层纵横两个方向定位钢筋→画其余钢筋间距→穿设钢筋→绑扎→安放垫块。

2)施工要点。

①底板如有基础梁,可分段绑扎成形,然后安装就位或根据梁位置线就地绑扎成形。

②绑扎钢筋时,除靠近外围两行的交叉点全部扎牢外,中间部位的交叉点可相隔交错扎牢,但必须保证受力钢筋不位移。双向受力的钢筋不得跳扣绑扎。

③底板上下层钢筋有接头时,应按规范要求错开,其位置和搭接长度均要符合规范和设计要求,钢筋搭接处,应在中心和两端按规定用钢丝扎牢。

④墙、柱主筋插铁伸入基础深度要符合设计要求,根据弹好的墙、柱位置,将预留插筋绑扎固定牢固,以确保位置准确,必要时可附加钢筋电焊焊牢墙筋。

(3)地下室墙筋绑扎

1)墙筋绑扎顺序参考地下室墙板钢筋绑扎顺序。

2)操作要点。

①在底板混凝土上放线后应再次校正预埋插筋,根据插筋位移程度按规定认真处理;墙模板应采取“跳间支模”,以利钢筋施工。

②墙筋应逐点绑扎,其搭接长度段位置要符合设计和规范要求。

③双排钢筋之间应绑支撑、拉筋,间距1 000 mm左右,以保证双排钢筋之间的距离。

④为保证门窗口标高位置正确,在洞口竖筋上画标高线;洞口处要按设计要求绑附加钢筋,门洞口连梁两端锚入墙内长度要符合设计要求。

⑤各连接点的抗震构造钢筋及锚固长度,均应按设计要求进行绑扎,如首层柱的纵向受力筋伸入地下室墙体深度、墙端部、内

外墙交接处的受力筋锚固长度等部位绑扎时，要特别注意设计图纸要求。

⑥配合其他工种安装预埋管件，预留洞口，其位置、标高均应符合设计要求。

【技能要点 13】剪力墙结构大模板内钢筋绑扎

(1)施工前的准备：在进行钢筋绑扎前，首先要整理好预留搭接钢筋，把变形的钢筋调直，若下屋预留的伸出钢筋位置偏差较大，应经设计单位签证同意，进行弯折调整。同时，应将松动的混凝土清除。

(2)墙体钢筋绑扎：墙体钢筋的绑扎，可参考本章中有关墙体钢筋绑扎的内容。

(3)剪力墙钢筋搭接：水平钢筋和竖向钢筋的搭接要相互错开，搭接要符合设计要求，如设计无明确要求须按规范规定。

(4)剪力墙钢筋的锚固：

1)剪力墙的水平钢筋在端部应根据设计要求增加口形铁或暗柱。

2)剪力墙的水平钢筋“丁”字节点及转角节点的绑扎锚固按设计要求绑扎。

3)剪力墙的连梁上下水平钢筋伸入墙内的长度，不能小于设计要求。

4)剪力墙的连梁沿梁全长的箍筋构造要符合设计要求，但在建筑物顶层连梁伸入墙体的钢筋长度范围内，应设置间距不小于 150 mm 的构造箍筋。

5)剪力墙洞周围应绑扎补强钢筋，其锚固长度应符合设计要求。

(5)预制点焊网片绑扎搭接：网片立起后应用木方临时支撑，然后逐根绑扎根部搭接钢筋，搭接长度要符合规定。在钢筋搭接部分的中心和两端共绑三个扣。门窗洞口加固筋需同时绑扎，门口两侧钢筋位置应准确。

(6)与预制外墙板连结：外墙板安装就位后，将本层剪力墙边柱竖筋插入预制外墙板侧面钢筋套环内，竖筋插入外墙板套环内不得少于3个，并绑扎牢固。

(7)外墙连接：应将外墙拉结筋与内墙墙体妥善连结，绑扎牢固。

(8)修整：大模板合模之后，对伸出的墙体钢筋进行修整，并绑一道临时水平横筋，固定伸出肋的间距。墙体浇筑混凝土时派钢筋工值班，浇筑完后立即对伸出筋进行调整。

【技能要点14】钢筋混凝土笼的制作

(1)钢筋笼结构

一般情况下，钢筋笼由主筋、箍筋和螺旋筋组成，主筋高出最上面一道箍筋，以便锚入承台，如图4—8所示。

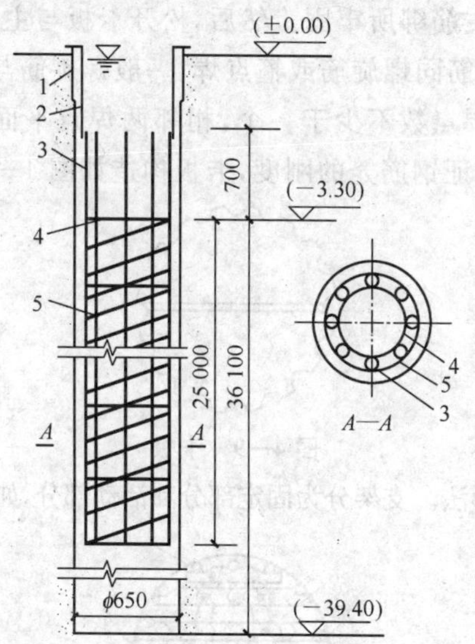

图4—8　桩身钢筋笼配筋图(单位：mm)

1—护筒；2—吊筋；3—主筋；4—箍筋；5—螺旋筋

(2)钢筋笼制作要求

1)钢筋笼所用钢筋规格、材质、尺寸应符合设计要求，钢筋笼的制作偏差符合规范规定。

2)钢筋笼的直径除按设计要求外，还应符合下列规定。

①用导管灌注水下混凝土的桩，其钢筋笼内径应比导管连接

处的外径大 100 mm 以上，钢筋笼的外径应比钻孔直径小 100 mm 左右(单位：mm)。

②沉管灌注桩，钢筋笼外径应比钢筋内径小 60～80 mm。

3)分段制作的钢筋笼，其长度以小于 10 m 为宜。

(3)钢筋笼制作方法

1)在钢筋圈制作台上制作钢筋圈(箍筋)并按要求焊接。

2)钢筋笼成形可用三种方法。

①木卡板成形法。用 2～3 cm 厚木板制成两块半圆卡板。按主筋位置，在卡板边缘凿出支托主钢筋的凹槽，槽深等于主筋直径的一半。制作钢筋笼时，每隔 3 m 左右放一螺旋筋或箍筋套入，并用钢丝将其与主筋绑所牢固。然后，松开卡板与主筋的绑绳，卸去卡板，随即将主筋同螺旋筋或箍点焊，一般螺旋筋与主筋之间要求每一螺距内的焊点数不少于一个，相邻两焊点平面投影圆心角尽量接近 90°以保证钢筋笼的刚度，卡板构造如图 4—9 所示。

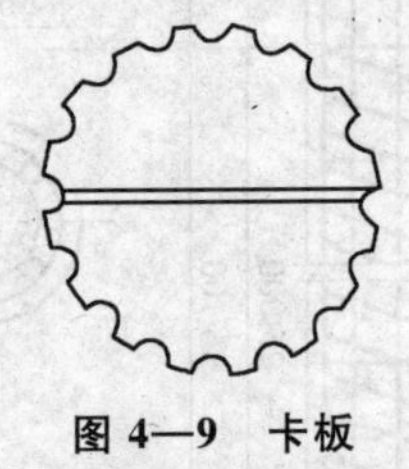

图 4—9 卡板

②板架成形法。支架分为固定部分和活动部分，如图 4—10 所示。

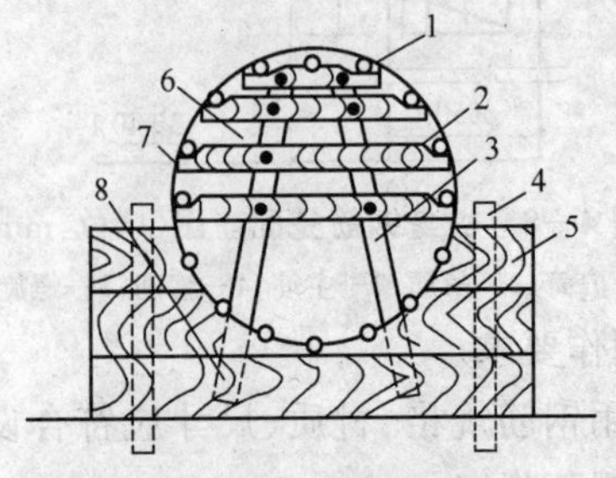

图 4—10 木支架

1—主筋；2—横木条；3—斜木条；4—支柱；

5—固定支架；6—铁钉；7—箍筋；8—螺栓

上下两个半圆支架连在一起，构成一下圆形支架，按钢筋笼长度，每隔 2 m 设置，各支架应互相平行，圆心位于同一水平线上。

制作时，把主筋逐根放入凹槽，然后将箍筋设计位置放于骨架主筋外围，与主筋点焊连接后，将活动支架和固定支架的连接螺栓拆除，从钢筋笼两端抽出活动支加强，即可取下整下钢筋笼，然后再绕焊螺旋筋。

③钢管支架成形法，如图 4－11 所示。

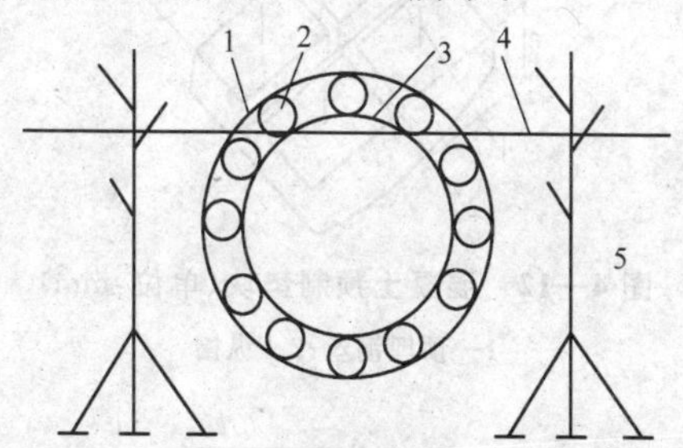

图 4—11　钢管支加成形法示意图

1—箍筋；2—主筋；3—螺旋筋；4—平杆；5—钢管支架

a. 根据箍筋间隔和位置将钢筋支架和平杆放正、放平、放稳，在每圈箍筋上标出与主筋的焊接位置。

b. 按设计间距在平杆上放置两根主筋。

c. 接设计间距绑焊箍筋，并注意与主筋垂直。

d. 按箍筋上的标记点焊固定其余主筋。

e. 按规定螺距套入螺旋筋，绑焊牢固。

(4)钢筋笼保护层

钢筋笼的保护层厚度以设计为准，设计未作规定时，可定为 50～70 mm。

下放钢筋笼时，需确保钢筋笼中心与成孔中心重合，使钢筋笼四周保护层均匀一致，钢筋保护层的设置方法如下。

1)绑扎混凝土制块。混凝土预制垫块为 15 cm×20 cm×8 cm，垫块内应埋设绑丝，如图 4—12 所示。

2)焊接钢筋混凝土预制垫土，形状同图 4—12，不同的是在十字槽底部埋设一根直径 6～8 mm 的钢筋，以便能焊接在主筋或箍筋上。

3)焊接钢筋“耳朵”(见图 4—13)。钢筋“耳朵”用直径不小于 10 mm的钢筋弯制而成,长度不小于 15 cm,高度不小于 8 cm,焊接在钢筋笼主筋外侧。

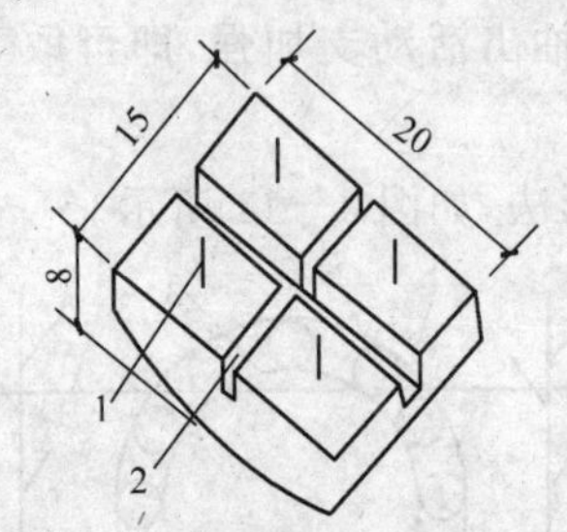

图 4—12　混凝土预制垫块(单位:mm)

1—预埋钢丝;2—纵槽

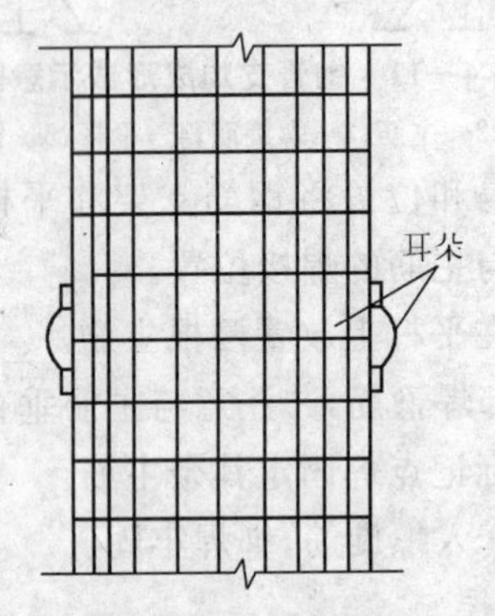

图 4—13　钢筋“耳朵”

【技能要点 15】预埋件的制作与安装

预埋件是为了在构件上焊接其他构配件而在混凝土结构中预先埋设的金属加工件,由锚板和埋件外锚筋组成,常用形式,如图 4—14(a)所示。

(1)审图时要认真核对图纸上锚固筋的位置是不是与构件各部钢筋的位置有抵触,还要核对预埋件与其他预埋件各自的锚固筋有没有碰撞。

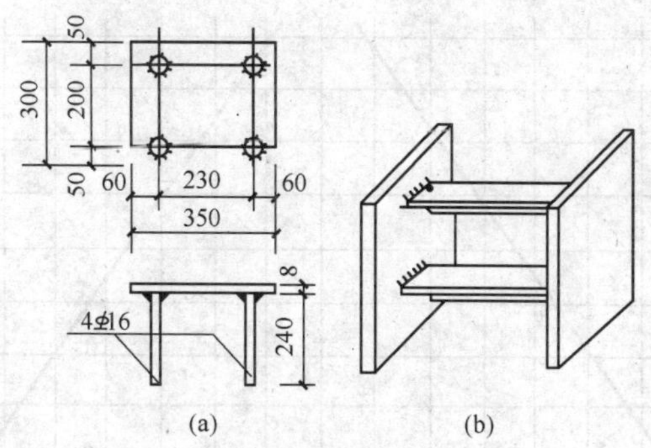

图 4—14 预埋件(单位:mm)

(2)预埋件的锚固筋必须位于构件主筋内侧,这样才能使预埋件得到可靠的锚固。

(3)对于用锚固件(锚固筋或锚固角钢)将两块钢板焊接而成的预埋件,如图 4—14(b)所示,在绑扎钢筋骨架之前,先将这种预埋件安置在钢筋骨架的相应部位,形式较简单的预埋件可以在钢筋骨架绑扎完成后再将预埋件与骨架连接。

(4)锚板宜用 HPB235 级钢,锚筋宜用 HPB235 级和 HRB335 级钢筋,不得采用冷加工钢筋。

(5)除受剪预埋件外,锚筋不宜少于 4 根,不宜多于 4 排,直径不宜小于 8 mm,也不宜大于 25 mm。

(6)锚筋的锚固长度应符合规范规定。

第三节 钢筋网、架安装

【技能要点 1】钢筋网片的预制

大型钢筋网片的制作程序为:地坪上画线→摆放钢筋→绑扎。

为防止钢筋网片在运输和安装过程中发生歪斜、变形,可采用细钢筋斜向拉结,其形式如图 4—15 所示。

钢筋网片作为单向主筋时,只需将外围两行钢筋的交叉点逐点绑扎,而中间部位的交叉点可隔根呈梅花状绑扎;如钢筋网片用作双同主筋时,应将全部的交叉点绑扎牢固。相邻绑扎点的钢螺纹要成八字形,以免网片歪斜变形。

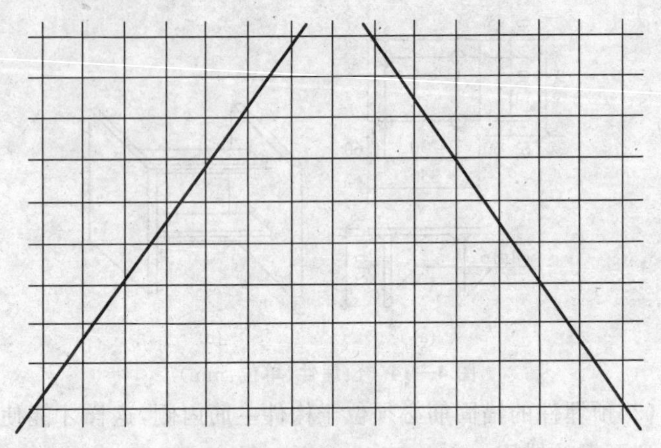

图 4—15　大片钢筋网的预制

【技能要点 2】绑扎架的使用

绑扎钢筋骨架必须使用钢筋绑扎架，钢筋绑扎架构造是否合理，会直接影响绑扎效率。绑扎轻型骨架(例如过梁、空心板、槽形板骨架)时，一般选用单面或双面悬挑的钢筋绑扎架，这种绑扎架绑扎时钢筋和钢筋骨架的穿、取、放、绑扎都比较方便。绑扎重型钢筋骨架时，可用两个三角绑扎架穿一槽杆组成一对，由几对三角架组成一组钢筋绑扎架。由于这种绑扎架是由几个单独的二角架组成，使用比较灵活，可以调节高度和宽度，稳定性也较好。

【技能要点 3】钢筋骨架的预制

钢筋骨架采用预制绑扎的方法比模内绑扎效率高、质量好。由于骨架的刚性大，在运输、安装时也不易发生变形或损坏。步骤和方法以梁为例，如图 4—16 所示。

(1)布置钢筋绑扎架，安放横杆，并将梁的受拉钢筋和弯起钢筋置于横杆上，受拉钢筋弯钩和弯起钢筋弯起部分朝下。

(2)从受力钢筋中部往两边按设计图标出箍筋的间距，将全部箍筋自受力钢筋的一端套入，并按间距摆开，与受力钢筋绑扎好。

(3)绑扎架立钢筋。升高钢筋绑扎架，穿入架立钢筋，并随即与箍筋绑扎牢固。抽去横杆，钢筋骨架落地翻身即为预制好的钢筋骨架。

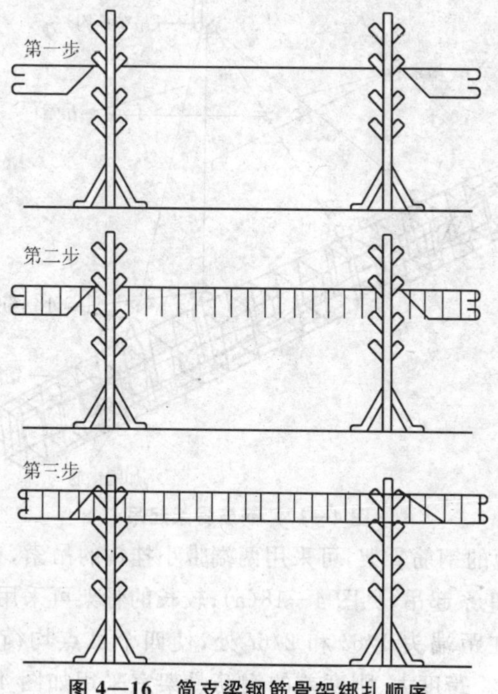

图 4—16　简支梁钢筋骨架绑扎顺序

【技能要点 4】预制钢筋网、钢筋架的安装

(1)焊接钢筋网钢筋架的安装

焊接钢筋网、钢筋架采用绑扎连接时，应符合国家现行《混凝土结构工程施工质量验收规范》(2011 版)(GB 50204—2002)的规定。

(2)绑扎钢筋网、钢筋架的安装

绑扎钢筋网、钢筋架安装时，应注意以下几点。

1)按图施工，对号入座，要特别注意节点组合处的交错、搭接符合规定。

2)为防止钢筋网、钢筋架在运输及安装过程中发生歪斜变形，应采取可靠的临时加固措施，如图 4—17 所示。

3)在安装预制钢筋网、钢筋架时，应正确选择吊点和吊装方法，确保吊装过程中的钢筋网、钢筋架不歪斜变形。

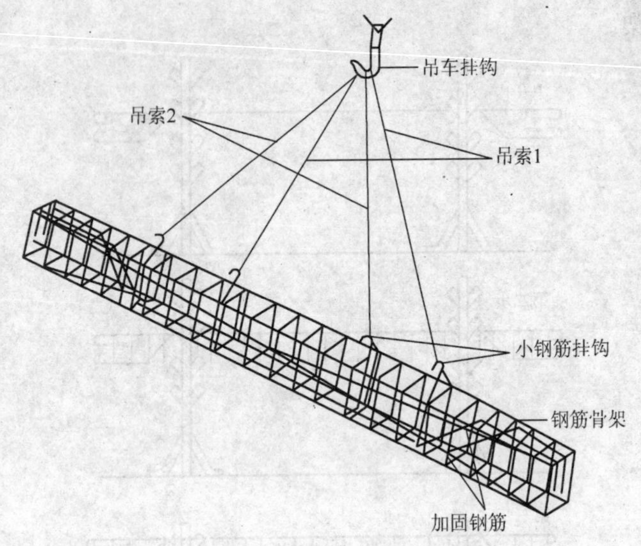

图 4—17　钢筋骨架起吊

①较短的钢筋骨架，可采用两端带小挂钩的吊索，在骨架距两端 1/5l 处兜系起吊，见图 4—18(a)；较长的骨架可采用回根吊索，分别兜系在距端头 1/6l 和 2/6l 处，使四个吊点均衡受力，如图 4—17 所示。跨度大、刚度差的钢筋骨架宜采用如图 4—18(b)所示的铁扁担四点起吊方法。

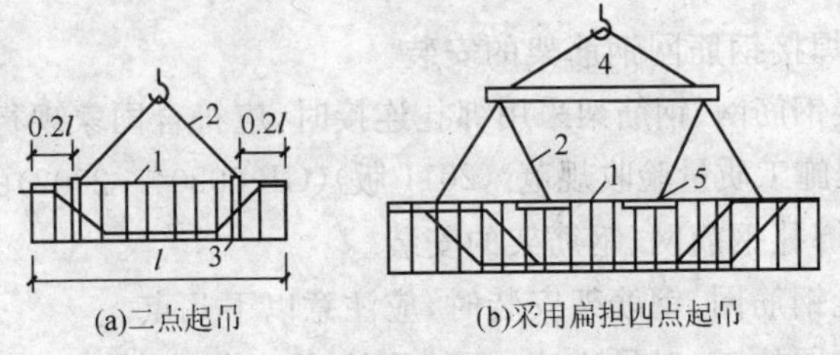

图 4—18　钢筋骨架的绑扎起吊

1—钢筋骨架；2—吊索；3—兜底索；4—铁扁担；5—短钢筋

②为防止吊点处的钢筋受力变形，可采用兜底吊或如图4—19所示的架横吊梁起吊钢筋骨架的方法。

③预制钢筋网、钢筋架放入模板后，应及时按要求垫好规定厚度的保护层垫块。

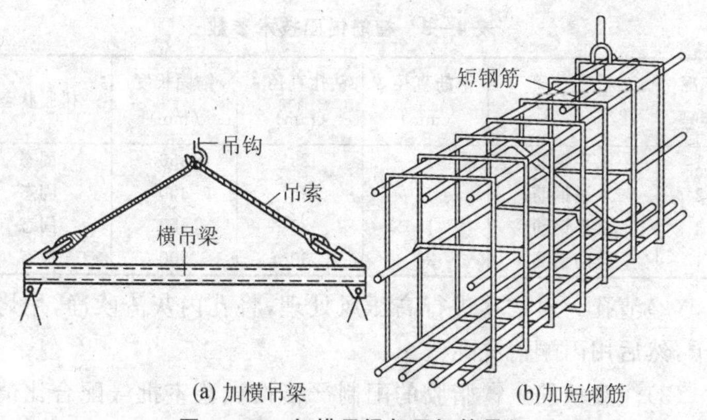

(a) 加横吊梁　(b)加短钢筋

图 4—19　加横吊梁起吊钢筋骨架

第四节　植筋施工

【技能要点 1】钢筋胶黏剂

该胶黏剂的两个不同化学组分在未混合前，不会固化；一旦混合后，就会发生化学反应，出现凝胶现象，并很快固化。胶黏剂凝固愈合时间随基础材料的温度而变化，参见表 4—2。

表 4—2　胶黏剂凝固愈合时间

基础材料温度(℃)	凝固时间(min)	愈合时间(min)
−5	25	360
0	18	180
5	13	90
20	5	45
30	4	25
40	2	15

该胶黏剂的施工温度范围为−5 ℃～40 ℃。

【技能要点 2】植筋施工方法

(1)成孔。对需要锚固钢筋的地方弹线定位，并按已定孔位进行机械成孔；钻孔深度按照表 4—3 中的施工参数确定。

表 4—3　植筋锚固技术参数

工况序号	工况名称	钢筋直径 ϕ (mm)	钻孔直径 ϕ (mm)	锚固长度 (mm)	树脂状态
1	水平钢筋	14	25	350	固态
2	水平钢筋	16	25	400	固态
3	水平钢筋	18	30	450	固态
4	竖向钢筋	20	30	500	液态

(2)清孔。对成孔进行高压风处理，将孔内灰渣吹净，用烤棒烤干，然后用丙酮清洗孔壁。

(3)注胶植筋。树脂胶的配制严格按试验室批号配合比值计量调配，一次配胶量不得超过 5 kg，用胶量大时可分多组调配，调配时要确保搅拌均匀、颜色一致。树脂胶灌入孔内后将经处理的钢筋插入孔内，按一定方向旋转十几圈，使树脂胶与钢筋和混凝土表面粘结密实。

(4)固化。7 d 后树脂胶完全固化，进行拉拔试验(无损伤检验)，试验值达到设计要求后，卸荷注胶 48 h 后方可进行下道工序，48 h 内不得对钢筋有任何扰动。

(5)成型植筋完成经实验符合设计要求后，绑扎钢筋网片，支模浇筑混凝土，完成基石出加固工程。

【技能要点 3】施工注意事项

(1)植筋锚固的关键是清孔。孔清理不干净或孔内潮湿均会对胶与混凝土的黏结产生不利影响，使其无法达到设计的黏结强度。

(2)胶体配制时计量必须准确，否则胶体凝结的时间不好控制，甚至会造成胶体凝结固化后收缩，黏结强度降低。

(3)注胶量要掌握准确，不能过多也不能过少。过多，插入钢筋时溢出，造成浪费或污染；过少则胶体不饱满。

(4)插入钢筋时要注意向一个方向旋转，且要边旋转边插入，以使胶体与钢筋充分黏结。

(5)在施工前应对树脂胶的黏结强度以及胶与钢和胶与混凝

土的黏结强度进行试验，满足设计及规范要求后方可施工。

(6)施工完毕后，按3%抽样进行拉拔试验，检验拔力为每根钢筋强度设计值的80%。

(7)钻孔前，应先用专用仪器对原结构中钢筋位置进行测定，以免钻孔时对原结构钢筋造成损伤。

第五章　预应力钢筋施工

第一节　基本要求

【技能要点1】基本规定

(1)后张法预应力工程的施工应由具有相应资质等级的预应力专业施工单位承担。

(2)预应力筋张拉机具设备及仪表,应定期维护和校验。张拉设备应配套标定,并配套使用。张拉设备的标定期限不应超过半年。当在使用过程中出现反常现象时或在千斤顶检修后,应重新标定。

1)张拉设备标定时,千斤顶活塞的运行方向应与实际张拉工作状态一致。

2)压力表的精度不应低于1.5级,标定张拉设备用的试验机或测力计精度不应低于±2%。

(3)在浇筑混凝土之前,应进行预应力隐蔽工程验收,其内容包括:

1)预应力筋的品种、规格、数量、位置等。

2)预应力筋锚具和连接器的品种、规格、数量、位置等。

3)预留孔道的规格、数量、位置、形状及灌浆孔、排气兼泌水管等。

4)锚固区局部加强构造等。

【技能要点2】工程作业条件

(1)施加预应力的拉伸机已经过校验并有记录。试车检查张拉机具与设备是否正常、可靠,如发现有异常情况,应修理好后才能使用。灌浆机具准备就绪。

(2)混凝土构件(或块体)的强度必须达到设计要求,如设计无要求时,不应低于设计强度的75%。构件(或块体)的几个尺寸、外观质量、预留孔道及埋件应经检查验收合格,要拼装的块体已拼装完毕,并经检查合格。

(3)锚夹具、连接器应准备齐全,并经过检查验收。

(4)预应力筋或预应力钢丝束已制作完毕。

(5)灌浆用的水泥浆(或砂浆)的配合比以及封端混凝土的配合比已经试验确定。

(6)张拉场地应平整、通畅,张拉的两端有安全防护措施。

(7)已进行技术交底,并应将预应力筋的张拉吨位与相应的压力表指针读数、钢筋计算伸长值写在牌上,并挂在明显位置处,以便操作时观察掌握。

(8)张拉部位的脚手架及防护栏搭设已完成,并经检查符合作业要求。

(9)已按设计提出的要求对张拉顺序、张拉值、伸长值、无黏结筋的铺设以及操作、质量标准等进行了技术交底。

第二节　原材料要求

【技能要点1】预应力筋

(1)预应力筋按钢材品种可分为钢丝、钢绞线、高强钢筋和钢棒等。预应力筋应根据结构受力特点、环境条件和施工方法等选用。后张法预应力混凝土结构和钢结构中,宜采用高强度低松弛钢绞线。先张法预应力混凝土构件中,宜采用刻痕钢丝、螺旋肋钢丝和钢纹线等。对直线预应力筋或拉杆,也可采用精轧螺纹钢筋或钢棒。

(2)钢丝和钢绞线的规格和力学性能必须符合现行国家标准《预应力混凝土用钢丝》(GB/T 5223—2002)和《预应力混凝土用钢绞线》(GB/T 5224—2003)的规定。精轧螺纹钢筋和钢棒的规格和力学性能应符合设计文件中采用的有关标准的规定。常用钢丝、钢纹线和精轧螺纹钢筋的规格和力学性能见表5—1～表5—3。

表 5—1　低松弛光圆钢丝和螺旋肋钢丝规格和力学性能

公称直径(mm)	直径允许偏差(mm)	公称截面积(mm^2)	每米参考重量(g/m)	抗拉强度 σ_b(MPa)	规定非比例伸长应力 $\sigma_{p0.2}$(MPa)	最大力下总伸长率 δ(%)	弯曲次数		应力松弛性能	
				不小于			(次/180°)	弯曲半径(mm)	初始应力相当于公称抗拉强度的百分率(%)	1 000 h应力松弛率(%)(不大于)
5.00	±0.05	19.63	154	1 670 1 770 1 860	1 470 1 560 1 640	$L_0 \geqslant 200$ mm 3.5	4	15	60 70 80	1.0 2.5 4.5
6.00	±0.05	28.27	222	1 570 1 670 1 770	1 380 1 470 1 560		4	15		
7.00	±0.05	38.48	302				4	20		

注：1. 本表摘自国家标准《预应力混凝土用钢丝》(GB/T 5223—2002)。

2. 规定非比例伸长应力 $\sigma_{P0.2}$ 值不小于公称抗拉强度 σ_b 的 88%。

3. 钢丝弹性模量为$(2.05\pm0.1)\times10^5$ MPa。

表 5—2　1×7 低松弛钢绞线规格和力学性能

公称直径(mm)	直径允许偏差(mm)	公称截面积(mm^2)	每米参考重量(g/m)	抗拉强度 σ_b(MPa)	整根钢绞线最大力 F_m(kN)	规定非比例延伸力 $F_{p0.2}$(kN)	最大力总伸长率 δ(%)	应力松弛性能	
								初始负荷相当于公称最大力的百分率(%)	1 000 h 应力松弛率(%)不大于
				不小于					
12.7	+0.40 −0.20	98.7	775	1 720	170	153	$L_0 \geqslant 500$ mm 3.5	60	1.0
				1 860	184	166			
				1 960	193	174			
15.2		140	1 101	1 720	241	217		70	2.5
				1 860	260	234			
				1 960	274	247			
15.7		150	1 178	1 770	266	239		80	4.5
				1 860	279	251			
17.8		191	1 500	1 720	327	294			
				1 860	353	318			

注：1. 本表摘自国家标准《预应力混凝土用钢绞线》(GB/T 5224—2003)。

2. 规定非比例延伸力 $F_{P0.2}$ 值不小于整根钢绞丝公称最大力 F_m 的 90%。

3. 钢绞线弹性模量为$(1.95 \pm 0.1) \times 10^5$ MPa。

表 5—3　精轧螺纹钢筋规格和力学性能

公称直径(mm)	基圆截面积(mm^2)	理论重量(kg/m)	级别	屈服点 $\sigma_{0.2}$(MPa)	抗拉强度 σ_b(MPa)	伸长率 δ_s(%)	冷弯 90°	应力松弛值 10 h
				不小于				不大于
18	254.5	2.11						
25	490.5	4.05	JL785	785	980	7	$D=7d$	80%$\sigma_{0.1}$负荷
28	615.8	5.12	JL835	835	1035	7	$D=7d$	1.5%
32	804.2	6.66	RL540	540	835	10	$D=5d$	

注：1. D 为弯心直径；d 为钢筋公称直径。

2. RL540 级钢筋，$d=32$ mm 时，冷弯 $D=6d$。

3. 钢筋弹性模量为$(1.95\sim2.05)\times10^5$ MPa。

(3)预应力筋的品种、直径和强度等级应按设计要求选用。当需要代换时，应进行专门计算，并经原设计单位审核后方可实施。预应力筋的代换应符合下列规定。

1)同一品种同一强度级别、不同直径的预应力筋代换后，预应力筋的截面面积不得小于原设计截面面积。

2)同一品种不同强度级别或不同品种的预应力筋代换后，预应力筋的受拉承载力不得小于原设计承载力。

3)预应力筋代换后，总张拉力或总有效预应力不得小于原设计的要求。

4)预应力筋代换后，构件中的预应力筋布置应满足设计的构造要求。代换后如锚固体系有变动，应重新验算锚固区的局部受压承载力。

(4)预应力筋进场时，每一合同批应附有质量证明书，每盘应挂有标牌。在质量证明书中应注明供方、需方、合同号、预应力筋品种、强度级别、规格、重量和件数、执行标准号、盘号和检验结果、检验日期、技术监督部门印章。在标牌上应注明供方、预应力筋品种、强度级别、规格、盘号、净重、执行标准号等。

(5)钢丝进场验收应符合下列规定：

1)钢丝的外观质量应逐盘(卷)检查，钢丝表面不得有油污、氧化铁皮、裂纹或机械损伤，表面允许有回火色和轻微浮锈。

2）钢丝的力学性能应按批抽样试验，每一检验批重量不应大于 60 t；从同一批中任取 10％盘（不少于 6 盘），在每盘中任意一端截取 2 根试件，分别做拉伸试验和弯曲试验；拉伸或弯曲试件每 6 根为一组，当有一项试验结果不符合现行国家标准《预应力混凝土用钢丝》（GB/T 5223—2002）的规定时，则该盘钢丝为不合格品；再从同一批未经试验的钢丝盘中取双倍数量的试件重做试验，如仍有一项试验结果不合格，则该批钢丝判为不合格品，也可逐盘检验取用合格品；在钢丝的拉伸试验中，同时测定弹性模量，但不作为交货条件。对设计文件中指定要求的钢丝应力松弛性能、疲劳性能、扭转性能、镦头性能等，应在订货合同中注明交货条件和验收要求。

（6）钢绞线进场验收应符合下列规定：

1）钢绞线的外观质量应逐盘检查，钢绞线表面不得有油污、锈斑或机械损伤，允许有轻微浮锈；钢绞线的捻距应均匀，切断后不松散。

2）钢绞线的力学性能应按批抽样检验，每一检验批重量不应大于 60 t；从同一批中任取 3 盘，在每盘中任意一端截取 1 根试件进行拉伸试验；拉伸试验、结果判别和复验方法等应符合（5）的规定，试验结果应符合现行国家标准《预应力混凝土用钢绞线》（GB/T 5224－2003）的规定。对设计文件中指定要求的钢绞线应力松弛性能、疲劳性能和偏斜拉伸性能等，应在订货合同中注明交货条件和验收要求。

（7）高强钢筋进场验收应符合下列规定：

1）精轧螺纹钢筋的外观质量应逐根检查，钢筋表面不得有裂纹、起皮或局部缩颈，其螺纹制作面不得有凹凸、擦伤或裂痕，端部应切割平整。

2）精轧螺纹钢筋的力学性能应按批抽样试验，每一检验批重量不应大于 60 t；从同一批中任取 2 根，每根取 2 个试件分别进行拉伸和冷弯试验；当有一项试验结果不符合有关标准的规定时，应取双倍数量试件重做试验，如仍有一项复验结果不合格，则该批高强钢筋判为不合格品。

(8)预应力钢棒进场验收应符合设计文件中采用的有关标准的规定。预应力筋的进场验收分为产品规格与数量验收、外观检查及抽样试验三部分内容。前二项为施工单位自检项目。抽样试验则由施工单位取样经监理单位见证后送交具有检测试验资质的单位进行材质检验。对同批预应力筋分数次送到一个施工现场或不同施工现场的情况，如有可靠证据证明是同批材料，则不必再做试验。

【技能要点2】涂层预应力筋

(1)涂层预应力筋按涂层材料可分为镀锌钢丝、镀锌钢绞线、环氧涂层钢绞线、无黏结钢绞线、缓黏结钢绞线等。涂层预应力筋应根据环境类别、防腐蚀要求、与混凝土黏结状态等选用。在体外索、拉索及其他环境条件恶劣的工程结构中，宜采用镀锌钢丝、镀锌钢绞线和环氧涂层钢绞线。在无黏结预应力混凝土构件中，应采用无黏结钢绞线。无黏结钢绞线也可用于体外索、拉索等。

(2)镀锌钢丝和镀锌钢绞线的规格和力学性能必须符合现行国家标准《桥梁缆索用热镀锌钢丝》(GB/T 17101—2008)和现行行业标准《高强度低松弛预应力热镀锌钢绞线》(YB/T 152—1999)的规定。环氧涂层钢绞线和缓黏结钢绞线的规格和力学性能应符合设计文件中采用的有关标准的规定。

(3)无黏结预应力钢绞线的涂包质量，应符合现行行业标准《无黏结预应力钢绞线》(JG 161—2004)的规定。

1)外观要求：护套表面应光滑、无凹陷、无裂缝、无气孔、无明显褶皱和机械损伤。

2)润滑脂用量：对 ϕ^S12.7 钢绞线不应小于 43 g/m，对 ϕ^S15.2 钢绞线不应小于 50 g/m，对 ϕ^S15.7 钢绞线不应小于 53 g/m。

3)护套厚度：对一、二类环境不应小于 1.0 mm，对三类环境应按设计要求确定。

(4)涂层预应力筋进场时，每一合同批应附有质量证明书，每盘应挂有标牌。在质量证明书中，应注明涂层和护套检验结果。

(5)涂层预应力筋进场验收应符合下列规定：

1)钢丝和钢绞线的力学性能必须按要求进行复验。

2)无黏结预应力钢绞线的外观质量应逐盘检查，润滑脂用量和护套厚度应按批抽样检验，每批重量不大于 60 t，每批任取 3 盘，每盘各取 1 根试件。检验结果应符合现行行业标准《无黏结预应力钢绞线》(JG 161—2004)的规定。

3)镀锌钢丝、镀锌钢绞线和环氧涂层钢绞线的涂层表面应均匀、光滑、无裂纹；涂层的厚度、连续性和黏附力应符合国家现行有关标准的规定。

4)缓黏结钢绞线的涂层材料、厚度、缓黏结时间应符合设计文件中采用的有关标准的规定。

【技能要点 3】锚具、夹具和连接器

(1)预应力筋用锚具，可分为夹片锚具、镦头锚具、螺母锚具、挤压锚具、压接锚具、压花锚具、冷铸锚具和热铸锚具等。预应力筋用锚具应根据预应力筋品种、锚固要求和张拉工艺等选用。对预应力钢绞线，宜采用夹片锚具，也可采用挤压锚具、压接锚具和压花锚具；对预应力钢丝束，宜采用镦头锚具、也可采用冷铸锚具和热铸锚具；对高强钢筋和钢棒，宜采用螺母锚具。夹片锚具没有可靠措施时，不得用于预埋在混凝土中的固定端；压花锚具不得用于无黏结预应力钢绞线；承受低应力或动荷载的夹片锚具应有防松装置。

(2)预应力筋用锚具、夹具和连接器的性能应符合现行国家标准《预应力筋用锚具、夹具和连接器》(GB/T 14370—2007)的规定。钢绞线夹片锚具的规格和尺寸可以下规定选用。

1)圆形夹片锚固体系(见图 5—1、表 5—4)。

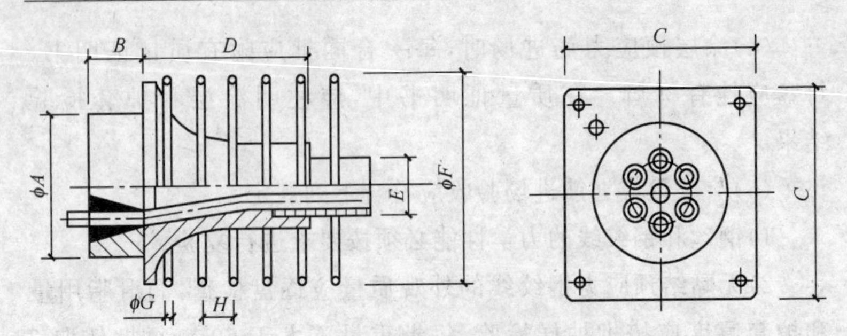

图 5—1　圆形夹片锚固体系

表 5—4　圆形夹片锚固体系尺寸表

钢绞线直径－根数	锚板 $\phi A \times B$(mm)	锚垫板 $C \times D$(mm)	波纹管内径 E(mm)	螺旋筋			
				ϕF(mm)	ϕG(mm)	H(mm)	圈数
φ15－1	φ46×48	80×12	—	70	6	30	4
φ15－3	φ85×50	135×110	φ45～50	140	10	40	4
φ15－4	φ100×50	160×120	φ50～55	160	12	50	4.5
φ15－5	φ115×50	180×130	φ55～60	180	12	50	4.5
φ15－6、7	φ128×55	210×150	φ65～70	210	14	50	5
φ15－8	φ143×55	240×160	φ70～75	230	14	50	5.5
φ15～9	φ153×60	240×170	φ75～80	240	16	50	5.5
φ15－12	φ168×65	270×210	φ85～90	270	16	60	6
φ15－14	φ185×70	285×240	φ90～95	285	18	60	6
φ15－16	φ200×75	300×327	φ95～100	300	18	60	6.5
φ15－19	φ210×80	320×310	φ100～110	320	20	60	7

注：本表数据系综合各锚具厂的产品标准确定，仅供选用时参考；实际使用时应以锚具厂的产品标准为准。

2）扁形夹片锚固体系（见图 5—2、表 5—5）。

（3）在承受静、动荷载的构件中，预应力筋—锚具组装件除应满足静载锚固性能要求外，尚应满足循环次数为 200 万次的疲劳性能试验要求。疲劳应力上限：对钢丝、钢绞线应为抗拉强度标准值的 65%；对精轧螺纹钢筋应为屈服强度的 80%，且应力幅度不应小于 50 MPa。

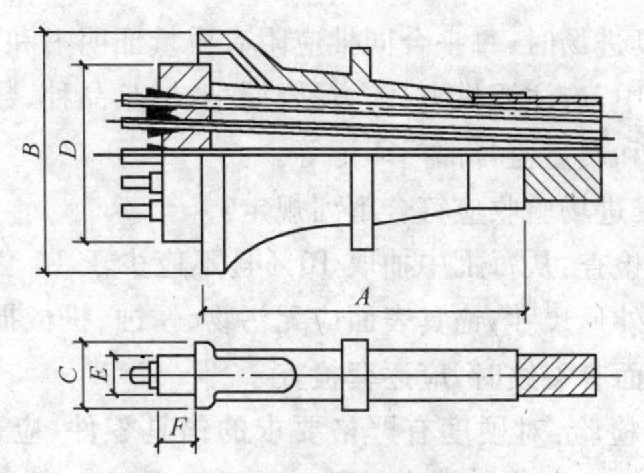

图 5—2　扁形夹片锚固体系

表 5—5　扁形夹片锚固体系尺寸表

钢绞线直径—根数	扁形锚垫板(mm)			扁形锚板(mm)		
	A	B	C	D	E	F
ϕ15—2	150	160	80	80	48	50
ϕ15—3	190	200	90	115	48	50
ϕ15—4	230	240	90	150	48	50
ϕ15—5	270	280	90	185	48	50

注:本表仅供选用时参考。

(4)在一级抗震等级的结构中,预应力筋—锚具组装件还应满足循环次数为 50 次的周期荷载试验。试验应力上限:对钢丝、钢绞线应为抗拉强度标准值的 80%;对精轧螺纹钢筋应为屈服强度的 90%,试验应力下限均为相应强度的 40%。

(5)锚具应满足分级张拉、补张拉和放松拉力等张拉工艺的要求。锚固多根预应力筋的锚具,除应具有整体张拉的性能外,还应具有单根张拉的可能性。

(6)预应力筋用夹具可分为夹片夹具、锥销夹具、镦头夹具和螺母夹具等。夹具应具有良好的自锚性能、松锚性能和重复使用性能。

(7)永久留在混凝土结构或构件中的预应力筋连接器,应符合锚具的性能要求。在施工中临时使用并需要拆除的预应力筋连接器,应符合夹具的性能要求。

(8)锚具进场时，每一合同批应附有质量证明书和装箱单。在质量证明书中，应注明供方、需方、合同号、锚具品种、数量、各项指标检查结果和质量监督部门印记等。

(9)锚具进场验收应符合下列规定：

1)外观检查：从每批中抽取10%且不应少于10套锚具，检查外观质量和外形尺寸；锚具表面应无污物、锈蚀、机械损伤和裂纹。当有一套表面有裂纹时，应逐套检查。

2)硬度检验：对硬度有严格要求的锚具零件，应进行硬度检验。对新型锚具应从每批中抽取5%且不少于5套，对常用锚具每批中抽取2%且不少于3套，按产品标准规定的表面位置和硬度范围做硬度检验。当有一个零件硬度不合格时，应另取双倍数量的零件重做试验，如仍有一个零件不合格，则应对该批零件逐个检验。

3)静载锚固性能试验：应从同一批中抽取6套锚具，与符合试验要求的预应力筋组装成3束预应力筋—锚具组装件，每束组装件试验结果必须符合相关的规定。当有一束组装件不符合要求时，应取双倍数量的锚具重做试验，如仍有一束组装件不符合要求，则该批锚具判为不合格品。

注：a.对静载锚固性能试验，多孔锚具不应超过1 000套(单孔锚具为2 000套)、连接器不宜超过500套为一个检验批。

b.钢丝束镦头锚具组装件试验前，应抽取6个试件进行镦头强度试验。镦头强度不应低于母材抗拉强度的98%。

c.对锚具用量较少的一般工程，如供货方提供有效的试验报告，可不做静载锚固性能试验。

(10)夹具进场验收时，应进行外观检查、硬度检验和静载锚固性能试验。检验和试验方法与锚具相同；但静载试验结果应符合设计的规定。

【技能要点4】制孔用管材

(1)后张预应力构件中预埋制孔用管材有金属波纹管(螺旋管)、钢管和塑料波纹管等。梁类构件宜采用圆形金属波纹管，板类构件宜采用扁形金属波纹管,施工周期较长时应选用镀锌金属波纹管。塑料波纹管宜用于曲率半径小、密封性能好以及抗疲劳要求高的孔道。钢管宜用于竖向分段施工的孔道。抽芯制孔用管材可采用钢管或夹布胶管。

(2)金属波纹管和塑料波纹管的规格和性能应符合现行行业标准《预应力混凝土用金属波纹管》(JG 225—2007)和《预应力混凝土桥梁用塑料波纹管》(JT/T 529—2004)的规定。金属波纹管和塑料波纹管的规格可按表 5—6～表 5—9 选用。

表 5—6　圆形金属波纹管规格(单位:mm)

管内径		40	45	50	55	60	65	70	75	80	85	90	95	100	105	110	115	120
允许偏差		+0.5													+1.0			
钢带厚	标准型	0.25		0.30														
	增强型	—						0.40				0.50						

注:波纹高度:单波 2.5 mm,双波 3.5 mm。

表 5—7　扁形金属波纹管规格(单位:mm)

内短轴	长度	19				22			
	允许偏差	+0.5				+1.0			
内长轴	长度	47	60	73	86	52	67	82	98
	允许偏差	+1.0				+2.0			
钢带厚度		0.3							

表 5—8　圆形塑料波纹管规格(单位:mm)

管内径	50	60	75	90	100	115	130
管外径	63	73	88	106	116	131	146
允许偏差	±1.0			±2.0			
管壁厚	2			2.5			

注:壁厚偏差+0.5 mm,不圆度 6%。

表 5—9　扁形塑料波纹管规格(单位:mm)

<table>
<tr><td rowspan="2">内短轴</td><td>长度</td><td colspan="4">22</td></tr>
<tr><td>允许偏差</td><td colspan="4">+0.5</td></tr>
<tr><td rowspan="2">内长轴</td><td>长度</td><td>41</td><td>55</td><td>72</td><td>90</td></tr>
<tr><td>允许偏差</td><td colspan="4">±1.0</td></tr>
<tr><td rowspan="2">管壁厚</td><td>标准值</td><td colspan="2">2.5</td><td colspan="2">3.0</td></tr>
<tr><td>允许偏差</td><td colspan="4">+0.5</td></tr>
</table>

金属波纹管的钢带厚度、波高和咬口质量是关键控制指标。双波纹金属波纹管的弯曲性能优于单波纹金属波纹管。当使用单位能提供近期采用的相同品牌和型号波纹管的检验报告或有可靠的工程经验时,可不作刚度、抗渗漏性能或密封性能的进场复验。波纹管经运输、存放可能出现伤痕,变形、锈蚀、污染等,因此使用前应进行外观质量检查。

(3)波纹管进场时每一合同批应附有质量证明书,并做进场复验。

1)波纹管的内径、波高和壁厚等尺寸偏差不应超过允许值。

2)金属波纹管的内外表面应清洁、无油污、无锈蚀、无孔洞、无不规则的褶皱,咬口不应有开裂或脱扣。

3)塑料波纹管的外观应光滑、色泽均匀,内外壁不允许有隔体破裂、气泡、裂口、硬块和影响使用的划伤。

注:对波纹管用量较少的一般工程,当有可靠依据时,可不做刚度、抗渗漏性能或密封性的进场复验。

【技能要点 5】灌浆用水泥

(1)孔道灌浆用水泥应采用普通硅酸盐水泥,其质量应符合现行国家标准《普通硅酸盐水泥》(GB 175—2007/XG 1—2009)的规定。

(2)孔道灌浆用外加剂的质量及应用技术应符合现行国家标准《混凝土外加剂》(GB 8076—2008)和《混凝土外加剂应用技术规范》(GB 50119—2003)的规定。

(3)孔道灌浆用水泥和外加剂进场时应附有质量证明书,并做进场复验。

注:对孔道灌浆用水泥和外加剂用量较少的一般工程,当有可靠依据时,可不做材料性能的进场复验。

第三节　构造要求

【技能要点1】先张预应力

(1)先张法预应力筋的混凝土保护层最小厚度应符合表5—10的规定。

表5—10　先张法预应力筋的混凝土保护层最小厚度

环境类别	构件类型	混凝土强度等级	
		C30～C45	≥C50
一类	板(mm)	15	15
	梁(mm)	25	25
二类	板(mm)	25	20
	梁(mm)	35	30
三类	板(mm)	30	25
	梁(mm)	40	35

注:混凝土结构的环境分类,应符合国家标准《混凝土结构设计规范》(GB 50010—2010)的规定。

(2)当先张法预应力钢丝难以按单根方式配筋时,可采用相同直径钢丝并筋方式配筋。并筋的等效直径,对双并筋应取单筋直径的1.4倍,对三并筋应取单筋直径的1.7倍。并筋的保护层厚度、锚固长度和预应力传递长度等均应按等效直径考虑。

(3)先张法预应力筋的净间距不应小于其公称直径或等效直径的1.5倍,且应符合下列规定:对单根钢丝,不应小于15 mm;对1×3钢绞线,不应小于20 mm;对1×7钢绞线,不应小于25 mm。

(4)对先张法混凝土构件,预应力筋端部周围的混凝土应采取下列加强措施。

1)对单根配置的预应力筋,其端部宜设置长度不小于150 mm,

且不少于4圈的螺旋筋；当有可靠经验时，也可利用支座垫板上的插筋代替螺旋筋，但插筋数量不应少于4根，其长度不宜小于120 mm。

2)对分散布置的多根预应力筋，在构件端部10d(d为预应力筋的直径)范围内应设置3～5片与预应力筋垂直的钢筋网。

3)对采用预应力钢丝配筋的薄板，在板端100 mm范围内应适当加密横向钢筋。

(5)当采用先张长线法生产有端横肋的预应力混凝土肋形板时，应在设计和制作上采取防止放张预应力筋时端横肋产生裂缝的有效措施。

对采用先张长线法生产有端肋的预应力肋形板，应采取防止放张预应力筋时端横肋产生裂缝的有效措施；在纵肋与端横肋交接处配置构造钢筋或在端肋内侧面与板面交接处做出一定的坡度或做成大圆弧；也可采用活动端模或活动胎模。

【技能要点2】后张有黏结预应力

(1)预应力筋孔道的内径宜比预应力筋和需穿过孔道的连接器外径大10～15 mm，孔道截面面积宜取预应力筋净面积的3.5～4.0倍。

后张法有黏结预应力筋孔道的内径，应根据预应力筋根数、曲线孔道形状、穿筋难易程度等确定。对预应力钢丝束或钢绞线束，其孔道截面积与预应力筋的净面积比值调整为3.5～4.0倍，直线孔道取小值。为使穿筋方便，多跨曲线孔道内径可适当放大。

(2)预应力筋孔道的净间距和保护层应符合下列规定。

1)对预制构件，孔道的水平净间距不宜小于50 mm，孔道至构件边缘的净间距不宜小于30 mm，且不宜小于孔道直径的一半。

2)在现浇框架梁中，预留孔道在竖直方向的净间距不应小于孔道外径，水平方向的净间距不宜小于孔道外径的1.5倍。从孔壁算起的混凝土保护层厚度：梁底不应小于50 mm；梁侧不应小于40 mm；板底不应小于30 mm。

(3)预应力筋孔道的灌浆孔宜设置在孔道端部的锚垫板上；灌

浆孔的间距不宜大于30 m。对竖向构件，灌浆孔应设置在孔道下端；对超高的竖向孔道，宜分段设置灌浆孔。灌浆孔直径不宜小于20 mm。预应力筋孔道的两端应设有排气孔。曲线孔道的高差大于0.5 m时，在孔道峰顶处应设置泌水管，泌水管可兼作灌浆孔。

(4)曲线预应力筋的曲率半径不宜小于4 m；对折线配筋的构件，在预应力筋弯折处曲率、半径可适当减小。曲线预应力筋的端头，应有与曲线段相切的直线段，直线段长度不宜小于300 mm。

(5)预应力筋张拉端可采取凸出式和凹式做法。采取凸出式做法时，铺具位于梁端面或柱表面，张拉后用细石混凝土封裹。采取凹入式做法时，锚具位于梁(柱)凹槽内，张拉后用细石混凝土填平。凸出式锚固端锚具的保护层厚度不应小于50 mm，外露坝应力筋的混凝土保护层厚度：处于一类环境时，不应小于20 mm；处于二、三类易受腐蚀环境时，不应小于50 mm。

(6)预应力筋张拉端锚具的最小间距应满足配套的锚垫板尺寸和张拉用千斤顶的安装要求。锚同区的锚垫板尺寸、混凝土强度、截面尺寸和间接钢筋(网片或螺旋筋)配置等必须满足局部受压承载力的要求。锚垫板边缘至构件边缘的距离不宜小于50 mm。当梁端面较窄或钢筋稠密时，可将跨中处同排布置的多束预应力筋转变为张拉端竖向多排布置或采取加腋处理。

(7)预应力筋固定端可采取与张拉端相同的做法或采取内埋式做法。内埋式固定端的位置应位于不需要预压应力的截面外，且不宜小于100 mm。对多束预应力筋的内埋式固定端，宜采取错开布置方式，其间距不宜小于300 mm，且距构件边缘不宜小于40 mm。

(8)多跨超长预应力筋的连接，可采用对接法和搭接法。采用对接法时，混凝土逐段浇筑和张拉后，用连接器接长。采用搭接法时，预应力筋可在中间支座处搭接，分别从柱两侧梁的顶面或加宽的梁侧面处伸出张拉，也可从加厚的楼板延伸至次梁处张拉。

多跨超长预应力筋的连接，采用对接法可节约预应力筋，施工方便，但构件截面需要增大，且需分段施工。采用搭接法，其节点构造较复杂，预应力筋和锚具用量增多，但可连续施工，因而在一般框架结构施工中采用较多。

【技能要点 3】后张无黏结预应力

(1)为满足不同耐火等级的要求，无黏结预应力筋的混凝土保护层最小厚度应符合表 5—11、表 5—12 的规定。

表 5—11　板的混凝土保护层最小厚度

约束条件	耐火极限(h)			
	1	1.5	2	3
简支(mm)	25	30	40	55
连续(mm)	20	20	25	30

表 5—12　梁的混凝土保护层最小厚度

约束条件	梁宽	耐火极限(h)			
		1	1.5	2	3
简支(mm)	200≤b<300	45	50	65	采取特殊措施
	≥300	40	45	50	65
连续(mm)	200≤b<300	40	40	45	50
	≥300	40	40	40	45

注：当防火等级较高，混凝土保护层厚度不能满足表列要求时，应使用防火涂料。

(2)板中无黏结预应力筋的间距宜采用 200～500 mm，最大间距可取板厚的 6 倍，但不宜大于 1 m。抵抗温度应力用无黏结预应力筋的间距不受此限制。单根无黏结预应力筋的曲率半径不宜小于 2.0 mm。板中无黏结预应力筋采取带状(2～4 根)布置时，其最大间距可取板厚的 12 倍，且不宜大于 2.4 m。

(3)当板上开洞时，板内被孔洞阻断的无黏结预应力筋可从两侧绕过洞口铺设。无黏结预应力筋至洞口的距离宜小于150 mm，水平偏移的曲率半径宜小于 6.5 m，洞口四周应配置构造钢筋加强。

(4)在现浇板柱节点处，每一方向穿过柱的无黏结预应力筋不应少于 2 根。

(5)梁中集束布置无黏结预应力筋时,宜在张拉端分散为单根布置,间距不宜小于 60 mm 合力线的位置应不变。当一块整体式锚垫板上有多排预应力筋时,宜采用钢筋网片。

(6)无黏结预应力筋的张拉端宜采取凹入式做法。锚具下的构造可采用不同体系,但必须满足局部受压承载力的要求。无黏结预应力筋和锚具的防护应符合结构耐久性要求。

(7)无黏结预应力筋的固定端宜采取内埋式做法,设置在构件端部的墙内、梁柱节点内或梁、板跨内。当固定端设置在梁、板跨内时,无黏结预应力筋跨过支座处不宜小于 1 m,且应错开布置,其间距不宜小于 300 mm。

【技能要点 4】钢筋构造措施

(1)对不受其他构件约束的后张预应力构件的端部锚固区,在局部受压钢筋配置区外,构件端部长度 l 不小于 $3e$(e 为预应力筋合力点至邻近边缘的距离)且不大于 $1.2h$(h 为构件端部截面高度)、高度为 $2e$ 的范围内,应均匀配置附加箍筋或网片,其体积配筋率不应小于 0.5%。

当锚固位于梁柱节点时,由于柱的截面尺寸大,一般不会出现上述裂缝。当锚固区位于悬臂梁端或简支梁端且梁的宽度较窄时,应防止沿预应力筋孔道劈裂。

(2)在构件中凸出或凹进部位锚固时,应在折角部位混凝土中配置附加钢筋加强。对内埋式固定端,必要时应在铺垫板后面配置传递拉力的构造钢筋。

在构件中凸出或凹进部位,混凝土截面急剧变化,施加预应力后在折角部位附近的混凝土中会产生较大的应力,出现斜裂缝。因此,需要在折角部位配置双向附加钢筋。对内埋式固定端,张拉力压缩其前方的混凝土,而拉开其后方的混凝土应根据混凝土厚度、有无抵抗拉力的钢筋,确定是否需要配置加强钢筋。

(3)构件中预应力筋弯折处应加密箍筋或沿弯折处内侧设置钢筋网片。

(4)当构件截面高度处有集中荷载时,如该处的附加吊筋影响预应力筋扎道铺设，可将吊筋移位，或改为等效的附加箍筋。

(5)弯梁中配置预应力筋时，应在水平曲线预应力筋内侧设置U形防崩裂的构造钢筋，并与外侧钢筋骨架焊牢。

(6)当框架梁的负弯矩钢筋在梁端向下弯折碰到锚垫板等埋件时，可缩进下弯、侧弯或上弯，但必须满足锚固长度的要求。

(7)在框架柱节点处，预应力筋张拉端的锚垫板等埋件受柱主筋影响时，宜将柱的主筋移位，但应满足柱的正截面承载力要求。

(8)在现浇结构中，受预应力筋张拉影响可能出现裂缝的部位，应配置附加构造钢筋。

为防止与预应力混凝土楼盖结构相连的钢筋混凝土梁板内出现受拉裂缝，预应力筋应伸入相连的钢筋混凝土梁内，并分批截断与锚固。相邻一跨梁板内的非预应力筋也应加强。

在现浇混凝土楼板中，梁端张拉力沿30°～40°角向板中扩张而产生拉应力；如板的厚度薄，则会出现斜裂缝，应在预应力传递的边区格和角区格内加配附加钢筋。对预应力混凝土大梁端部的短柱，为防止张拉阶段产生剪切裂缝，应沿往高全程加密箍筋或采用适当的临时减小短柱抗侧移刚度的措施。

【技能要点5】减少约束力措施

(1)大面积预应力混凝土梁板结构施工时，考虑到多跨梁板施加预应力和混凝土早期收缩受柱或墙约束的不利因素，宜设置后浇带或施工缝。后浇带的间距宜取50～70 m，间距应根据结构受力特点、混凝土施工条件和施加预应力方式等确定。

(2)梁板施加预应力的方向有相邻边墙或剪山墙时，应使梁板与墙之间暂时隔开，待预应力筋张拉后，再浇筑混凝土。

(3)同一楼层中，当预应力梁板周围有多跨钢筋混凝土梁板时，两者宜暂时隔开，待预应力筋张拉后，再浇筑混凝土。

(4)当预应力梁与刚度大的柱或墙刚接时，可将梁柱节点设计成在框架梁施加预应力阶段无约束的滑动支座，张拉后做成刚接。

【技能要点6】钢结构预应力

(1)钢结构预应力筋的布置原则为在预应力作用下，应使结构具有最多数量的卸载杆和最少数量的增载杆。

(2)钢结构的弦杆由钢管组成时,预应力筋可穿在弦杆钢管内,利用定位支架或隔板居中固定,钢结构弦杆由型钢组成时,预应力筋可穿在弦杆钢管内,利用定位支架或隔板居中固定。钢结构弦杆由型钢组成时,预应力筋应对布置在弦杆截面之外,并在节点下与钢弦杆相连。

(3)当采用设置于钢套管内的裸露钢绞线时,应在张拉后灌浆防护。钢套管的截面积宜为预应力筋净面积的 2.5～3.0 倍。预应力筋采用无黏结钢绞线时,护套的厚度不应小于 1.2 mm。

(4)预应力筋锚固节点的尺寸应满足张拉锚固体系的要求,并要考虑多根预应力筋的合力应作用在弦杆截面的形心。锚固节点应采取加劲肋加强措施,并应验算节点的局部承载力和稳定性。

(5)预应力筋的转折处应设置转向块(如弧形板或弧形钢管等),保证集中荷载均匀、可靠地传递。

(6)钢结构张拉端锚具防护应采用封锚钢罩,罩内应充填水泥浆或防腐油脂。

第四节　施工计算

【技能要点 1】预应力筋下料长度

(1)后张法预应力混凝土构件和钢构件中采用钢绞线束夹片锚具时,钢绞线的下料长度 L 可按下列公式计算(见图 5—3):

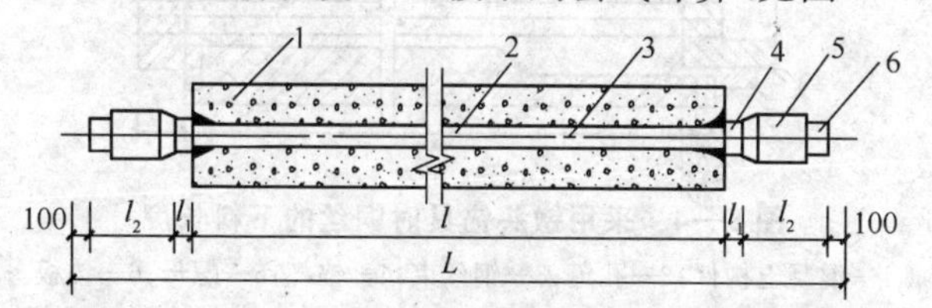

图 5—3　采用夹片锚具时钢绞线的下料长度(单位:mm)

1—混凝土构件;2—预应力筋孔道;3—钢绞线;4—夹片式工作锚;5—张拉用千斤顶;6—夹片式工具锚

1)两端张拉。

$$L=l+2(l_1+l_2+100)$$

2)一端张拉。

$$L=l+2(l_1+100)+l_2$$

式中　l——构件的孔道长度,对抛物线形孔道,可按有关规定计算;

l_1——夹片式工作锚厚度;

l_2——张拉用千斤长度(含工具锚),采用前卡式千斤顶时仅算至千斤顶体内工具锚外。

(2)后张法混凝土构件中采用钢丝束镦头锚具时,钢丝的下料长度 L 可按预应力筋张拉后螺母位于锚杯中部计算(见图 5—4):

$$L=l+2(h+s)-K(h_2-h_1)-\Delta L-c$$

式中　l——构件的孔道长度,按实际尺寸;

h——锚杯底部厚度或锚板厚度;

s——钢丝镦头留量,对 ϕ^P5 取 10 mm;

K——系数,一端张拉时取 0.5,两端张拉时取 1.0;

h_2——锚杯高度;

h_1——螺母高度;

ΔL——钢丝束张拉伸长值;

c——张拉时构件的弹性压缩值。

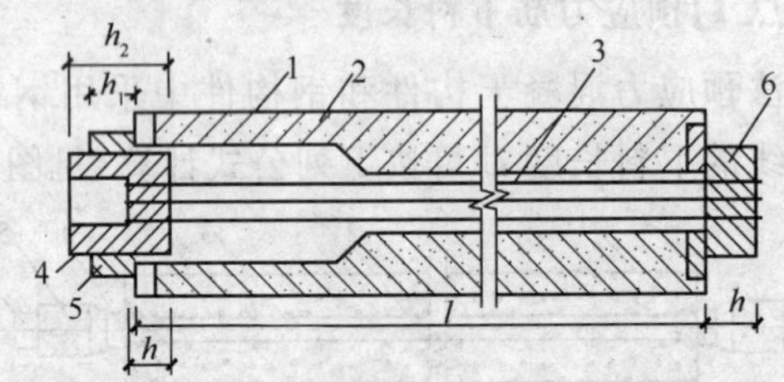

图 5—4　采用镦头锚具时钢丝的下料长度

1—混凝土构件;2—孔道;3—钢丝束;4—锚杯;5—螺母;6—锚板

(3)先张法构件采用长线台座生产工艺时,预应力筋的下料长度 L 可按下列公式计算(见图 5—5):

$$L=l_1+l_2+l_3-l_4-l_5$$

式中　l_1——长线台座长度;

l_2——张拉装置长度(含外露工具式拉杆长度);

l_3——固定端所需长度;

l_4——张拉端工具式拉杆长度;

l_5——固定端工具式拉杆长度。

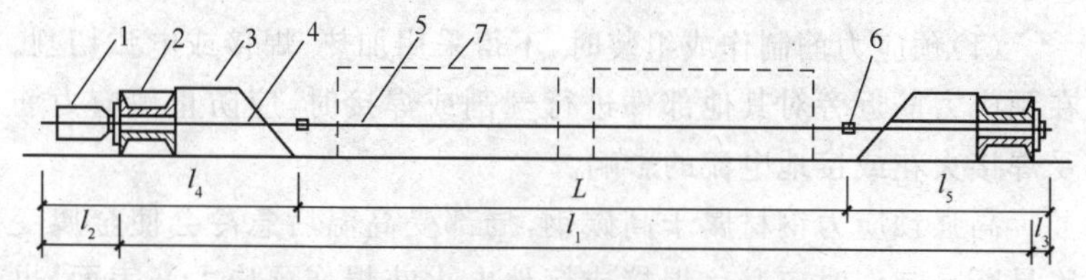

图 5—5　长线台座法预应力筋的下料长度

1—张拉装置;2—钢横梁;3—台座;4—工具式拉杆;

5—预应力筋;6—连接器;7—待浇混凝土构件

同时,预应力筋下料长度应满足构件在台座上的排列要求。预应力筋直接在钢横梁上张拉和锚固时,可取消 l_4 与 l_5 值。

【技能要点 2】预应力筋张拉力

(1)预应力筋的张拉力 P_j 应按下列公式计算:

$$P_j = \sigma_{con} A_p$$

式中　σ_{con}——预应力筋的张拉控制应力,应在设计图纸上标明;

A_p——预应力筋的截面面积。

在混凝土结构施工中,当预应力筋需超张拉时,其最大张拉控制应力:对预应力钢丝和钢丝和钢绞线为 $0.8f_{ptk}$(f_{ptk} 为预应力筋抗拉强度标准值);对高强钢筋为 $0.95f_{pyk}$(f_{pyk} 为预应力筋屈服强度标准值)。但锚具下口建立的最大预应力值:对预应力钢丝和钢绞线不宜大于 $0.7f_{ptk}$,对高强钢筋不宜大于 $0.85f_{pyk}$。

(2)预应力筋中建立的有效预应力值 $\sigma_{pe} = \sigma_{con} - \sum_{i=1}^{5} \sigma_{Lt}$

式中　$\sum_{i=1}^{5} \sigma_{Lt}$——各项预应力损失之和。

在混凝土结构施工中,对预应力钢丝、钢绞线,其有效预应力值 σ_{pe} 不宜大于 $0.6f_{ptk}$。

(3)在钢结构设计图样上标明的张拉力设计值,应为有效张拉力值，施工时应增加有关的预应力损失，以确定初始张拉力。

第五节　制作与安装

【技能要点 1】预应力筋制作

(1)预应力筋制作或组装时，不得采用加热、焊接或电弧切割。在预应力筋近旁对其他部件进行气割或焊接时，应防止预应力筋受焊接火花或接地电流的影响。

高强预应力钢材属于高碳钢，局部受高温后急冷会使金属变脆易断。制作时应避免焊接或接地电火花损伤预应力筋表面，也不允许气割周边钢材时，高温铁水流淌在预应力筋表面。严禁将预应力筋作为电焊接地线。

(2)预应力筋应在平坦洁净的场地上采用砂轮锯或切断机下料。

(3)使用钢丝束镦头锚具前，首先应确认该批预应力钢丝的可镦性。钢丝镦头的头型尺寸应符合以下要求：直径为 1.4～1.5d，高度为 0.95～1.05d(d 为钢铿直径)。钢丝束两端采用镦头锚具时，应采用等长下料法。

钢丝镦头时端面应平整，钢丝应插到镦头器穴模底部，并注意钢丝不能偏入夹片缝隙中，以免夹扁钢丝。为保证钢丝等长下料，可采用穿入钢管内或放入角钢槽内的限位法下料。也可采用第一次逐根下料，第二次捆扎成束后用砂轮切割机精确等长下料。

(4)钢丝编束、张拉端镦头锚具安装和钢丝镦头宜同时进行。钢丝的一端先穿入锚具并镦头，另一端按张拉端的顺序分别编扎内外圈钢丝。

(5)钢绞线挤压锚具挤压时，在挤压模内腔或挤压套外表面应涂润滑油，压力表读数应符合操作说明书的规定。

各厂家生产的挤压锚具尺寸有微小差异，因此，挤压力也有差异，应采用配套的挤压机挤压。挤压时，挤压套外袁面可涂油脂或喷涂二硫化钳润滑剂。挤压锚具与锚垫板宜采用机械式固定方式。

(6)钢绞线压花锚具成型时，应将表面的污物擦拭干净。梨形头尺寸应符合以下要求：对如 $\phi^{S}15.2$ 钢绞线不应小于 $\phi95\times150$；

对 $\phi^{S}12.7$ 钢绞线不应小于 $\phi80\times130$；直线段长度，对 $\phi^{S}15.2$ 钢绞线不应小于 900 mm。对多根钢绞线梨形头应分排埋置在混凝土内，排距不小于 300 mm。为提高压花锚四周混凝土和梨形头根部混凝土抗裂强度，在梨形头头部应配置构造筋。

1)常态下料　对于钢筋较平直或对下料长度误差要求不高的预应力筋可直接下料，如有局部弯曲，可采用机械扳直后方能下料，对于粗钢筋要先调直，再下料。

2)应力下料　对长度要求较严的一些钢丝束，如镦头锚具钢丝束等，其下料宜采用应力下料的方法，即在预应力筋被拉紧的状态下，量出所需长度，然后放松，再进行断料，拉紧时的控制应力为 300 N/mm^2。此种方法还应考虑下料后的弹性回缩值，以免下料过短。钢丝束两端采用镦头锚具时，同一束中各根钢丝下料长度的相对差值，应小大于钢丝束长度的 1/5 000，且小得大于 5 mm。对长度不大于 6 m 的先张法预应力构件，当钢丝成组张拉时，同组钢丝下料长度的相对差值不得大于 2 mm。

3)断料方法　钢丝、钢绞线、热处理钢筋及冷拉 RRB400 级钢筋宜采用砂轮锯或切断机切断，不得采用电弧切割，以免因打火烧伤钢筋及过高的温度造成钢筋强度降低。这是因为经冷加工和热处理，钢材的强度在温度影响下会发生变化：200 ℃时略有提高；450 ℃时稍有降低；700 ℃时恢复原力学性能。

对于较细的钢丝，一般可用手动断线钳或机动剪子断料。需要镦头时，切断面应力求平整且与母材垂直。

钢绞线下料前，应在切割口两侧各 5 cm 处用钢丝绑扎，切割后将切割口焊牢，以免钢绞线松散。

4)下料要求。

①钢筋束的钢筋直径一般为 12 mm 左右，成盘供料，下料前应经开盘、冷拉、调直、镦粗(仅用于镦头锚具)，下料时每根钢筋(同一钢丝束的钢丝)长度应一致，误差不超过 5 mm。

②钢丝下料前先调直，5 mm 大盘径钢丝用调直机调直后即可下料；小盘径钢丝应采用应力下料方法。用冷拉设备时取下料应

力为 300 N/mm^2,一次完成开盘、调直和在同一应力状态下量出需要的下料长度,然后放松切料。当用镦头锚具时,同束钢丝下料相对误差应控制在 L/5 000 以内(L 为钢丝下料长度),且不大于 5 mm,中小型构件先张法不大于 2 mm;当用锥形锚具时,只需调直,不必应力下料,夏季下料应考虑温度变化的影响。

③钢绞线下料前应进行预拉。预拉力值取钢绞线抗拉强度的 80%~85%,保持 5~10 mm 再放松。如出厂前经过低温回火处理,则无须预拉。下料时,在切口的两侧各 5 cm 处用 20 号钢丝扎紧后切割,切口应立即焊牢。

【技能要点 2】钢筋镦头

(1)预应力筋(丝)。采用镦头夹具时,端头应镦粗。镦头分热镦和冷镦两种工艺。常用镦头机具及适用范围见表 5—13。

表 5—13 钢筋(丝)镦头机具及方法和适用范围

项目		常用镦头机具及方法	适用范围
电热镦头法		UNl－75 型或 UNl～100 型手动对焊机,附装电极和顶头用的紫铜棒和夹钢筋用的紫铜模具	适用于 ϕ12～ϕ14 mm 钢筋镦头
冷镦法	机械镦头	SD5 型手动冷镦器,镦头次数 5～6 次/min,自重 31.5 kg	供预制厂在长线台座上冷冲镦粗冷拔低碳钢丝
		YD6 型移动式电动冷镦机,镦头次数 18 次/min,顶镦推杆行程 25 mm,电动机功率 1.1 kW,自重 91 kg,并附有切线装置	供预制厂在长线台座上使用,也可用于其他生产,冷镦 ϕ^{b}4、ϕ^{b}5 冷拔低碳钢丝
		GD5 型固定式电动冷镦机,镦头次数 60 次/min,夹紧力 3 kN,顶锻力 20 kN,电动机功率 3 kW,自重 750 kg	适用于机组流水线生产,冷镦冷拔低碳钢丝
	液压镦头	型号有 SLD－10 型、SLD－40 型及 YLD－45 型等	适用于 ϕ5 mm 高强钢丝和冷拔低碳钢丝及 ϕ8 mm 调质钢筋、ϕ12 mm光圆或螺纹普通低合金钢筋

注:25 mm 以上粗钢筋宜用汽锤镦头。

(2)热镦时,应先经除锈(端头 15～20 cm 范围内)、矫直、端面磨平等工序,再夹入模具,并留出一定镦头留量(1.5d～2d)。操作时使钢筋头与紫铜棒相接触,在一定压力下进行多次脉冲式通电加热,待端头发红变软时,即转入交替加热加压,直至预留的镦头留量完全压缩为止。镦头外径一般为 1.5d～1.8d。对 RRB400 级钢筋需冷却后,再夹持镦头进行通电 15～25 s 热处理。操作时要注意中心线对准,夹具要夹紧,加热应缓慢进行,通电时间要短,压力要小,防止成型不良或过热烧伤,同时避免骤冷。

(3)冷镦时,机械式镦头要调整好镦头锚具与夹具间的距离,使钢筋有一定的镦头留量,Φ^{P}、Φ^{H}、Φ^{I} 钢丝的留量分别为 8～9 mm、10～11 mm、12～13 mm。液压式镦头留晕为 1.5d～2d,要求下料长度一致。

【技能要点 3】预应力筋孔道留设

(1)一般要求。

1)金属波纹管或塑料波纹管安装前,应按设计要求在箍筋上标出预应力筋的曲线坐标位置,点焊钢筋支托。支托间距:对圆形金属波纹管宜为 1.0～1.2 m,对扁形金属波纹管和塑料波纹管宜为 0.8～1.0 m。波纹管安装后,应与钢筋支托可靠固定。

波纹管钢筋支托的间距与预应力筋重量和波纹管自身刚度有关。一般曲线预应力筋的关键点如最高点、最低点和反弯点等应直接点焊钢筋支托,其余点可按等距离布置支托。波纹管安装后应用钢丝与钢筋支托绑扎牢靠,必要时点焊压筋,拼成井字形钢筋支托,防止波纹管上浮。

2)金属波纹管接长时,可采用大一号同型波纹管作为接头管。接头管的长度宜取管径的 3～4 倍。接头管的两端应采用热塑管或粘胶带密封。塑料波纹管接长时,可采用塑料焊接机热熔焊接或采用专用连接管。

金属波纹管宜采用同一厂家生产的产品,以便与接头管波纹匹配。波高应满足规定要求,以免接头管处因波纹扁平而拉脱。扁波纹管的连接处应用多道胶带包缠封闭,以免漏浆。塑料波纹管在现场应少用接头甚至不用接头，直接整根预埋。必要时可采用塑料热熔焊接或采用专用连接管。

3)灌浆管或泌水管与波纹管连接时，可在波纹管上开洞，覆盖海绵垫和塑料弧形压板并与波纹管扎牢，再用增强塑料管插在弧形压板的接口上，且伸出构件顶面不宜小于500 mm。

金属波纹管上安装塑料弧形压板时，可先在波纹管上开孔，也可先安装塑料弧形压板，待混凝土浇筑后再凿孔进行灌浆。塑料波纹管可采用专用的防渗漏浆嘴。

4)采用钢管或腔管抽芯成孔时，钢筋井字架的间距：对钢管宜为1.0～1.2 m，对胶管宜为0.6～0.8 m。浇筑混凝土后，应陆续转动钢管，在混凝土初凝后、终凝前抽出。胶管内应预先充入压缩空气或压力水，使管径增大2～3 mm，待混凝土初凝后放出压缩空气或压力水，管径缩小即可抽出。

5)竖向预应力结构采用钢管成孔时应采用定位支架固定，每段钢管的长度应根据施工分层浇筑高度确定。钢管接头处宜高于混凝土浇筑面500～800 mm，并用堵头临时封口。

竖向预应力孔道底部必须安装灌浆和止回浆用的单向阀，钢管接长宜采用螺纹连接。

6)混凝浇筑时，应采取有效措施，防止预应力筋孔道漏浆堵孔。

当采取用空管留孔时，为防止混凝土浇筑过程中波纹漏管中波纹管漏浆堵孔，宜采用通孔器通孔；当采取穿筋留孔时，宜拉动预应力筋疏通孔道。对留孔质量严格把关，浇筑混凝土时又得到有效保护，可免除通孔工序。

7)钢管桁架中预应力筋用钢套管保护时，每隔2～3 m应采用定位支架或隔板居中固定。钢桁架在工厂分段制作时，应预先将钢套管安装在钢管弦杆内，再在现场的拼装台上用大一号同型钢套管连接或采用焊接接头，钢套管的灌浆孔可采用带内螺纹的接头管焊在套管上。

(2)预应力构件管芯埋设和抽管。

1)钢管抽芯法。这种方法大都用于留设直线孔道时,它是预先将钢管埋设在模板内的孔道位置处,钢管的固定如图 5—6 所示。钢管要平直,表面要光滑、每根长度最好不超过 15 m,钢管两端应各伸出构件约 500 mm。较长的构件可采用两根钢管,中间用套管连接,套管连接方式,如图 5—7 所示。在混凝土浇筑过程中和混凝土初凝后,每间隔一定时间慢慢转动钢管,使混凝土不与钢管粘牢,等到混凝土终凝前抽出钢管。抽管过早,会造成坍孔事故;太晚,则混凝土与钢管黏结牢固,抽管困难。常温下抽管时间,约在混凝土浇灌后 3～6 h。抽管顺序。宜先上后下,抽管可采用人工或用卷扬机,速度必须均匀,边抽边转,与孔道保持直线。抽管后应及时检查孔道情况,做好孔道清理工作。

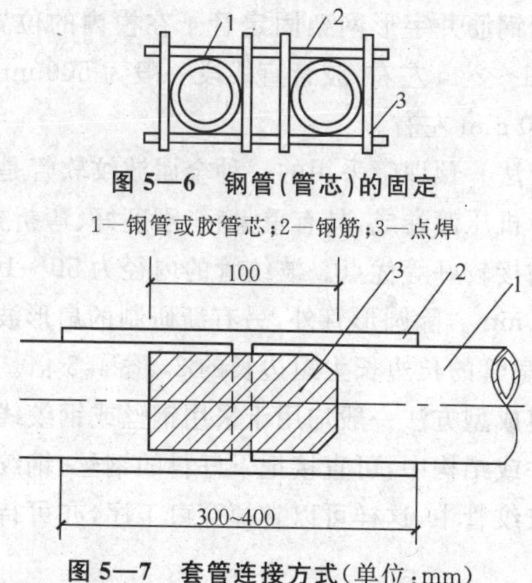

图 5—6　钢管(管芯)的固定

1—钢管或胶管芯;2—钢筋;3—点焊

图 5—7　套管连接方式(单位:mm)

1—钢管;2—镀锌薄钢板套管;3—硬木塞

2)胶管抽芯法。此方法不仅可以留设直线孔道,亦可留设曲线孔道,胶管掸性好,便于弯曲,一般有五层或七层帆布胶管和钢丝网橡皮管两种,工程实践中通常用前一端密封,另一端接阀门充水或充气,如图 5—8 所示。胶管具有一定弹性,在拉力作用下,其断面能缩小,故在混凝土初凝后即可把胶管抽拔出来。夹布胶管质软,必须在管内充气或充水。在浇筑混凝土前,胶皮管中充入压力为 0.6～0.8 MPa 的压缩空气或压力水，此时胶皮管直径可增大 3 mm 左右，然后浇筑混凝土，待混凝土初凝后，放出压缩空气或压力水，胶管孔径变小，并与混凝土脱离，随即抽出胶管，形成孔道。抽管顺序，一般应为先上后下，先曲后直。

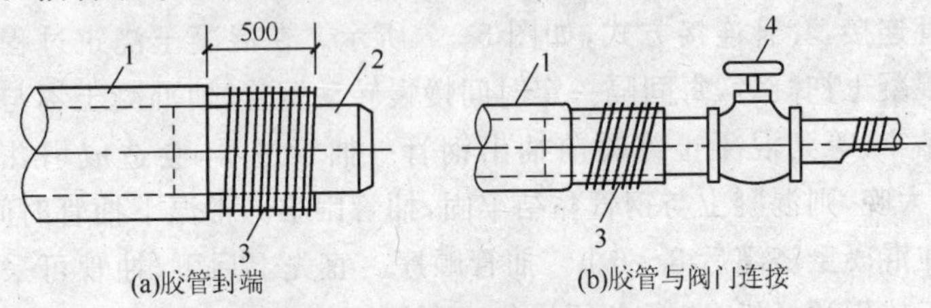

图 5—8　胶管封端与连接(单位:mm)

1—胶管;2—钢管堵头;3—20 号铅丝密缠;4—阀门

一般采用钢筋井字形网架固定管子在模内的位置，井字网架间距:钢管为 1～2 m 左右;胶管直线段一般为 500 mm 左右，曲线段为 300～400 mm 左右。

3)预埋管法。预埋管采用的一种金属波纹软管是由镀锌薄钢带经波纹卷管机压渡卷成，具有重量轻、刚度好、弯折方便、连接简单与混凝土黏接较好等优点。波纹管的内径为 50～100 mm，管壁厚 0.25～0.3 mm。除圆形管外，另有新研制的扁形波纹管可用于板式结构中，扁管的长边长为短边长的 2.5～4.5 倍。

这种孔道成型方法一般均用于采用钢丝或钢绞线作为预应力筋的大型构件或结构中，可直接把下好料的钢丝、钢绞线在孔道成型前就穿入波纹管中，这样可以省掉穿束工序，亦可待孔道成型后再进行穿束。

对连续结构中呈波浪状布置的曲线束，且高差较大时，应在孔道的每个峰顶处设置泌水孔;起伏较大的曲线孔道，应在弯曲的低点处设置泌水孔;对于较长的直线孔道，应每隔 12～15 m 左右设置排气孔。泌水孔、排气孔必要时可考虑作为灌浆孔用。波纹管的连接可采用大一号的同型波纹管，接头管的长度为 200～250 mm，以密封胶带封口。

(3)曲线孔道留设。现浇整体预应力框架结构中，通常配置曲线预应力筋，因此在框架梁施工中必须留设曲线孔道。曲线孔道可采用白铁管或波形白铁管留孔，曲线白铁管的制作应在平直的工作台上借助于模具定位，利用液压弯管机进行弯曲成型，其弯曲部分的坐标按预应力筋曲线方程计算确定，弯制成型后的坐标误差应控制在 2 mm 以内。曲线白铁管一般可制成数节，然后在现场安装成所需的曲线孔道，接头部分用 300 mm 长的白铁管套接。灌浆孔和泌水孔则在白铁管上打孔后用带嘴的弧形白铁（或塑料）压板形成，如图 5—9 所示。灌浆孔一般留在曲线筋的最低部位，泌水孔设在曲线筋最高的拐点处。灌浆孔和泌水孔用 20 mm 塑料管，并伸出梁表面 50 m 左右。

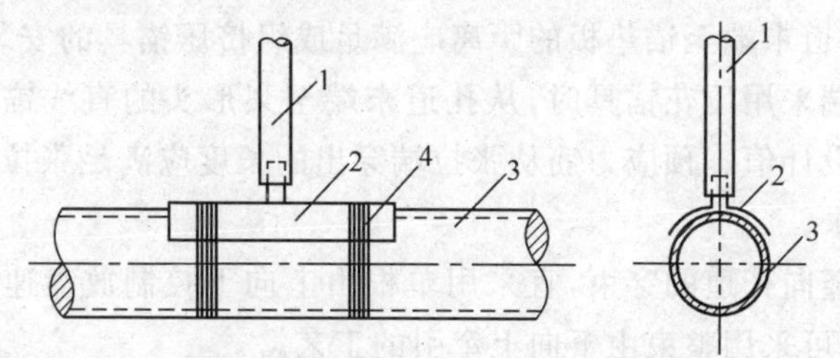

图 5—9　灌浆孔或泌水孔留设示意

1—20 mm 塑料管；2—带嘴弧形白铁压板；3—白铁管；4—绑扎铅丝

【技能要点 4】预应力筋安装

（1）一般要求

1）预应力筋可在浇筑混凝土前（先穿束法）或浇筑混凝土后（后穿束法）穿入孔道，采取的方法应根据结构特点、施工条件和工期要求等确定。

当钢筋密集，预应力筋多波曲线易使波纹管变形振瘪时宜采用先穿束法；当工期特别紧，波纹管曲线顺畅不易被振瘪时，可采用后穿束法。

2）穿束的方法可采用人力、卷扬机或穿束机单根穿或整束穿。对超长束、特重束、多波曲线束等宜采用卷扬机整束穿，束的前端应装有穿束网套或特制的牵引头。穿束机适用于穿大批量的单根钢绞线，穿束时钢绞线前头宜套一个子弹头形壳帽。采用先穿束法穿多跨曲线束时，可在梁跨的中部处留设穿束助力段。

长度不大于 60 m，且不多于 3 跨的多波曲线束，可采用人力单根穿。长度大于 60 m 的超长束、多波束、特重束，宜采用卷扬机前托后送分组穿或整束穿。当超长束需要人力穿束时，可在梁的跨度中间段受力钢筋相对较少的部位设置助力段，利用大一号波纹管移出 1.5 m 的空隙段，便于工人助力穿束；穿束完成后，将移出的波纹管复位。以上穿束方法应根据孔道波形、长度与孔径，以及预应力筋表面状态、具体施工条件等灵活应用。对穿束困难的孔道，应适当增大预留孔道直径。

3)预应力筋宜从内埋式固定端穿。当固定端采用挤压锚具时，从孔道末端至锚垫板的距离应满足成组挤压锚具的安装要求；当固定端采用压花锚具时，从孔道末端至梨形头的直线锚固段不应小于设计值。预应力筋从张拉端穿出的长度应满足张拉设备的操作要求。

4)竖向孔道的穿束，宜采用单根由上向下控制放盘速度穿入孔道，也可采用整束由下向上牵引的工艺。

5)混凝土浇筑前穿入孔道的预应力筋，宜采取防止锈蚀措施。

(2)布置原则

预应力筋的铺设布置、因板的类型不同而有差异。单向板和单向连续板的预应力筋的铺设和非预应力钢筋相同，仅在支座处弯曲过梁支点，一般也形成曲线形。它的曲率可以用垫铁马凳控制，铁马凳高度可根据设计要求的曲率坐标高度制作，马凳的间距为 1～2 m。马凳应与非预应力筋绑扎牢固，无黏结预应力筋要放在马凳上用钢丝扎牢，但不要扣得太紧。

在双向板及双向连续板的结构中，由于无黏结筋要配置两个方向的悬垂曲线，因此要计算两个方向点的坐标高度，最后宜先铺设标高低的无黏结筋层，再铺设相交叉目标高较高的无黏结筋。要避免两个方向无黏结筋相互穿插的编结铺设。铺设布置应按施工图上的根数多少确定间距进行布筋。并应严格按设计要求的曲线形状就位，并固定牢固。布筋时还应与水、电工程的管线配合进行，要避免各种管线将预应力筋的竖向坐标抬高或压低。

一般均布荷载作用下的板，预应山筋的间距约为 250～500 mm，最大间距对单向板允许为板厚的 6 倍；对双向板允许为板厚的 8 倍。允许安装偏差，矢高方向为±5 mm；水平方向为±30 mm。

无黏结预应力筋的混凝土保护层，是根据结构耐火等级及暴露条件而定，还要考虑无黏结筋铺设时的竖向偏差。

根据耐火等级不同，保护层厚度是：对无约束的板为 20～40 mm，对有约束的板为 20～25 mm。

浇筑混凝上前应对无黏结筋进行検查验收，如各控制点的矢高；塑料保护套有无脱落和歪斜；固定端镦头与锚板是否贴紧；无黏结筋涂层有无破损等；合格后方可浇筑混凝土。为保证长期的耐久性，特别是处于侵蚀性环境的情况下，采用密实优质的混凝土，足够的保护层，良好的施工作业过程和限制水溶性氯化物在混凝土中的用量，都是保护无黏结筋的必要措施。

(3)预应力框架梁布筋形式

1)正反抛物线形布置，如图 5—10 所示，适用于支座弯矩与跨中弯矩基本相等的单跨框架梁。

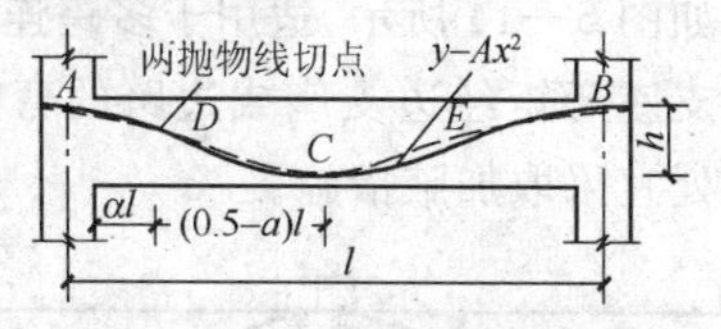

图 5—10　正反抛物线形布置

2)直线与抛物线相切布置，如图 5—11 所示，适用于支座弯矩较小的单跨框架梁或多跨框架梁的边跨外端，其优点是可以减少框架梁跨中及内支座处的摩擦损失。

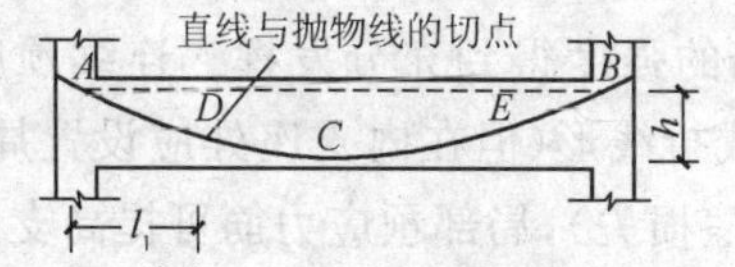

图 5—11　直线与抛物线相切布置

3)折线形布置,如图 5—12 所示,适用于集中荷载作用下的框架梁或开洞梁。其优点是可使预应力引起的等效荷载直接抵消部分垂直荷载和方便在梁腹中开洞,但不宜用于三跨及以上的预应力混凝土框架梁。

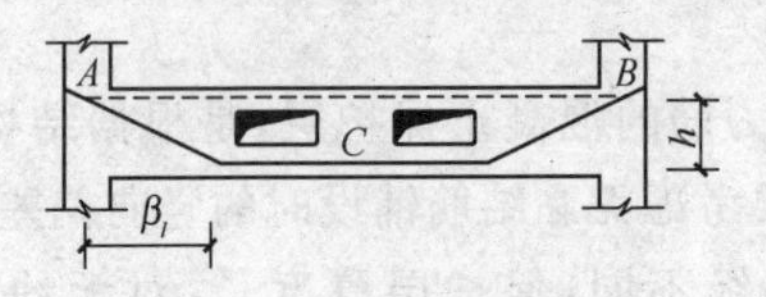

图 5—12　折线形布置

4)正反抛物线与直线混合布置,如图 5—13 所示,适用于需要减少边柱弯矩的情况。梁内除布置有正反抛物线外形的预应力筋外,还在梁底部配有直线形预应力筋。这种混合布置方式可使预应力筋产生的次弯矩对边柱造成有利的影响。

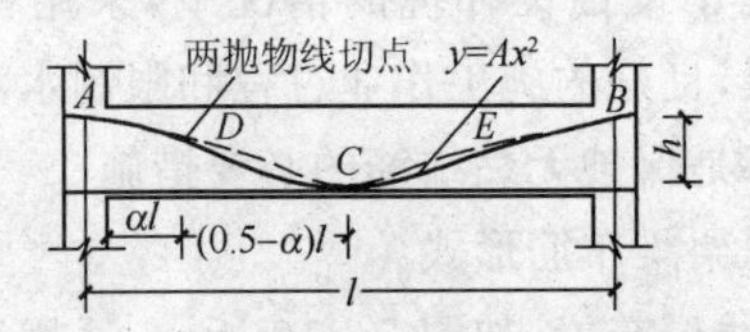

图 5—13　正反抛物线与直线混合布置

5)连续布置,如图 5—14 所示,适用于多跨连续梁。在垂直荷载作用下,框架内支座弯矩经边支座或边跨的弯矩约为非连续布置的两倍,内支座处宜采取加腋措施。

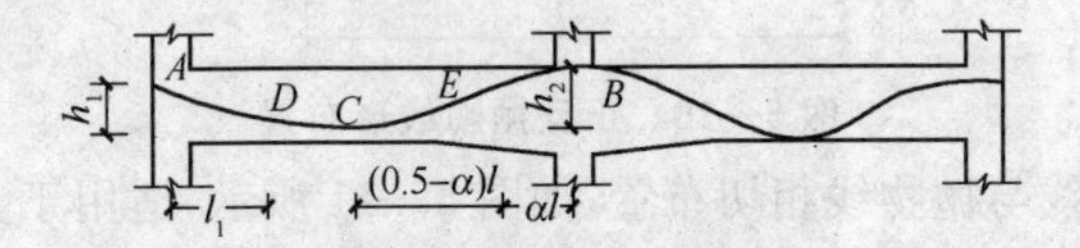

图 5—14　连续布置

6)连续与局部组合布置,如图 5—15 所示,适用于多跨连续梁,可使预应力筋的强度得到充分发挥。连续预应力筋可采用图 5—14 所示形状或折线形(但在内支座处应设置局部曲线段,以方便施工并减少摩擦损失),局部预应力筋可提高支座处的抗裂性能及抗弯承载能力。

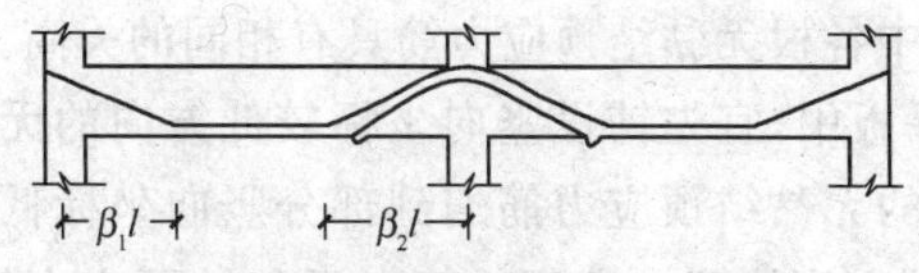

图 5—15 连续与局部组合布置

(4)预应力框架柱布筋形式

1)两段抛物线形布置这种布置方式的优点是与使用弯矩较为吻合,施工也较方便,但孔道摩擦损失较大,实践中较为常用,如图5—16(a)所示。

2)斜直线形布置,这种布置方式的优点是与使用弯矩基本吻合,孔道摩擦损失较小,但千斤顶要斜放张拉。如图 5—16(b)所示。

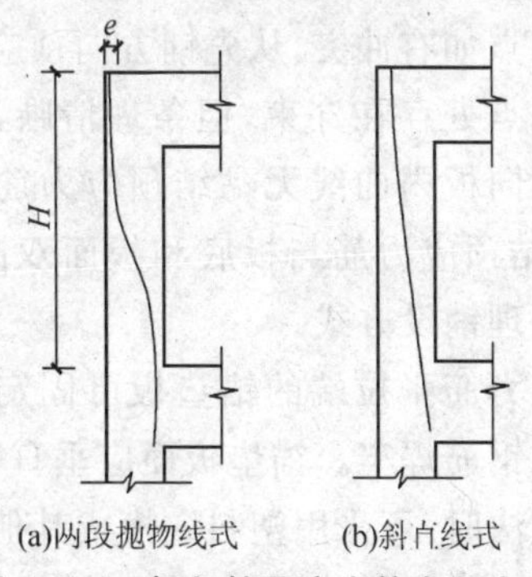

(a)两段抛物线式 (b)斜直线式

图 5—16 框架柱预应力筋布置方式

【技能要点 5】无黏结预应力筋铺设

(1)一般要求

1)无黏结预应力筋铺设前,对护套轻微破损处应采用防水聚乙烯胶带进行修补。每圈胶带搭接宽度不应小于胶带宽度的1/2,缠绕层数不应少于 2 层,缠绕长度应超过破损长度 30 mm。严重破损的无黏结预应力筋应予报废。

2)平板中无黏结预应力筋的曲线坐标宜采用钢筋马凳控制,间距不宜大于 2.0 m。无黏结预应力筋铺设后应与马凳可靠固定。

板内控制无黏结筋曲线坐标的统长马凳,通常可用 ϕ12 mm 钢筋制作,避免施工时踩踏变位。

3)平板中无黏结预应力筋带状布置时,应采取可靠的固定措施，保证同束中各根无黏结预应力筋具有相同的矢高。

4)双向平板中，宜先铺设竖向坐标较低方向的无黏结预应力筋，后铺方向的无黏结预应力筋遇到部分竖向坐标低于先铺无黏结预应力筋时应从其下方穿过。双向无黏结预应力筋的底层筋，在跨中处宜与底面双向钢筋的上层筋处在同一高度。

在双向平板中，无黏结预应力筋有两种铺设方法。一种是按编排顺序由下而上铺设，即首先计算交叉点处双向预应力筋的竖向坐标，确定最下方的预应力筋先铺设，依次编排出所有预应力筋的铺设顺序；这种铺设方法不需要交叉穿束，但铺设顺序没有规律，会影响施工进度。另一种是先铺某一方向预应力筋，后铺方向的预应力筋在交叉点如有冲突，从先铺方向预应力筋下方穿过；这种铺设方法在交叉点处存在穿束，但条理清晰，易于掌握，且铺设速度快。为保证双向板内曲线无黏结预应力筋的矢高，又兼顾防火要求，应对无黏结预应力筋与板底和板面双向钢筋的交叉重叠关系确认后定出合理铺设方式。

5)无黏结预应力筋张拉端的锚垫板可固定在端部模板上，或利用短钢筋与四周钢筋焊牢。锚垫板面应垂直于预应力筋。当张拉端采用凹入式做法时，可采用塑料穴模或其他穴模。

在无黏结预应力筋张拉端，如预应力筋与锚垫板不垂直，易发生断丝。张拉端凹人混凝土端面时，采用塑料穴模的效果优于泡沫块或木盒等方法。

6)无黏结预应力筋固定端的锚垫板应事先组装好，按设计要求的位置可靠固定。

无黏结预应力筋埋入混凝土内的固定端通常采用挤压锚。当混凝土截面不大、钢筋较密时，多个挤压锚宜错开锚固，避免重叠放置，影响混凝土浇筑密实。

7)梁中无黏结预应力筋集束布置时，应采用钢筋支托控制其位置，支托间距宜为 1.0～1.5 m。同一束的各根筋宜保持平行走向，防止相互扭绞。

8)对竖向、环向或螺旋形布置的无黏结预应力筋，应有定位支架或其他构造措施控制位置。

9)在板内无黏结预应力筋绕过开洞处的铺设位置应符合有关的规定。

(2)无黏结筋铺放要点

1)为保证无黏结筋的曲线矢高要求,无黏结筋应和同方向非预应力筋配置在同一水平位置(跨中和支座处)。

2)铺放前,应设铁马凳,以控制无黏结筋的曲率,一般每隔2 m设一马凳,马凳的高度根据设计要求确定。跨中处可不设马凳,直接绑扎在底筋上。

3)双向曲线配置时,还应注意筋的铺放顺序。由于筋的各点起伏高度不同,必然出现两向配筋交错相压。为避免铺放时穿筋,施工前必须进行编序。编序方法是将各向无黏结筋的交叉点处的标高(从板底至无黏结筋上皮的高度)标出,对各交叉点相应的两个标高分别进行比较,若一个方向某一筋的各点标高均分别低于与其相交的各筋相应点标高时,则此筋就可以先放置。按此规律找出铺放顺序。按此顺序,在非预应力筋底筋绑完后,将无黏结筋铺放在模板中。

4)无黏结筋应铺设在电线管的下面,避免无黏结筋张拉产生向下分力,导致电线管弯曲致使其下面混凝土破碎。

【技能要点6】波纹管安装

(1)安装准备

按设计图纸中预应力的曲线坐标,以波纹管底边为准,在一侧模板上弹出曲线来,定出波纹管的位置;也可以梁底模板为基准,按预应力筋曲线上各点坐标,在垫好底筋保护层垫块的箍筋肢上做标志(可用油漆点一下),定出波纹管的曲线位置。

(2)固定与就位

波纹管的固定,可用钢筋支架(间距为600 mm)焊在箍筋肢上,箍筋下一定要把保护层垫块垫实、垫牢。波纹管放下就位后,其上用短钢筋再将管绑扎在箍筋肢上,以防止浇混凝土时将管子浮起(先穿入预应力筋的情况稍好)而造成质量事故。曲线和支架形式如图 5—17 和图 5—18 所示。

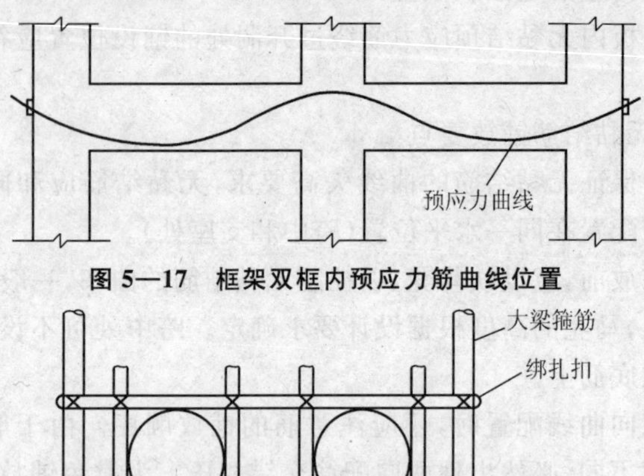

图 5—17 框架双框内预应力筋曲线位置

图 5—18 波纹管固定支架

(3)安装要点

波纹管安装就位过程中,要避免反复弯曲造成管壁开裂。支架等应事先焊好。安装完后,应检查曲线形状是否符合设计要求,波纹管的固定是否牢固,接头是否完好,管壁有无破损等。发现破损应及时用粘胶带绑补好。波纹管的安装与坐标点允许偏差竖直向为±10 mm;水平向为±20 mm。

【技能要点 7】质量要求

(1)预应力筋的制作质量要求

1)当钢丝束两端采用镦头锚具时,同一束中钢丝长度的最大偏差不应大于钢丝长度的 1/5 000,且不得大于 5 mm,当成组张拉长度不大于 10 m 的钢丝时,同组钢丝长度的最大偏差不得大于 2 mm。

2)钢丝镦头尺寸不应小于规定值,头型应圆整端正;钢丝镦头的圆弧形周边出现纵向微小裂纹时,其裂纹长度小得延伸至钢丝母材,不得出现斜裂纹或水平裂纹。

3)钢绞线挤压锚具成型后,钢绞线外端应露出挤压头 1~5 mm。

4)钢绞线压花锚具的梨形头尺寸和直线锚固段长度不应小于设计值,片表面不得有污物。

(2)预应力筋的安装质量要求

1)预应力筋安装时,其品种、级别、规格与数量必须符合设计要求。

2)施工过程中应避免电火花损伤预应力筋;受损伤的预应力筋应予更换。

3)预应力筋孔道的规格、数量、位置,灌浆孔、排气兼泌水管等应符合设计和施工要求。

4)锚固区埋件和加强筋应符合施工详图的要求。

5)预应力筋束形(孔道)控制点的竖向位置允许偏差应符合表5—14的规定,并做出检查记录。

表5—14　预应力筋束形(孔道)控制点的竖向位置允许偏差(单位:mm)

构件截面厚度或高度	$h \leqslant 300$	$300 < h \leqslant 1\,500$	$h > 1\,500$
允许偏差	±5	±10	±15

注:束形控制点的竖向位置偏差合格点率应达到90%,且不得有超过表中数值1.5倍的尺寸偏差。

6)预应力筋孔道或无黏结预应力筋应铺设顺直,端部锚垫板应垂直于孔道中心线或无黏结预应力筋。

7)预应力筋孔道或无黏结预应力筋的定位应牢固,孔道接头应密封良好。

8)内埋式固定端的锚垫板不应重叠,锚具与锚垫板应贴紧。

9)波纹管或无黏结预应力筋护套应完好;局部破损处应采用防水胶带修补。在锚口处黏结预应力筋不得裸露。

10)先张法台座的台面隔离剂不得污染预应力筋。钢结构预应力筋孔道的钢套接头对齐满焊、不渗漏。

第六节　张拉与防张

【技能要点1】准备工作

(1)预应力筋张拉设备和仪表应满足预应力筋张拉或放张的

要求，且应定期维护和标定。张拉用千斤顶和压力表应配套标定、配套使用。标定时千斤顶活塞的运行方向应与实际张拉工作状态一致。张拉设备的标定期限不应超过半年。当张拉设备出现不正常现象时或千斤顶检修后，应重新标定。

预应力筋张拉设备和仪表应根据预应力筋种类、锚具类型和张拉力合理选用。张拉设备的正常使用范围宜为25%～90%额定张拉力。张拉设备行程一般不受限制，如锚具对重复张拉有限制时，应选用合适行程的张拉设备。张拉设备在正常情况下使用时，一般与标定状态相同；当油管超长、超高时，应单独标定。油泵用液压油稠度有明显变化时，也应重新标定。张拉用压力表的直径宜采用150 mm，其精度不应低于1.6级。标定张拉设备的试验机或测力计精度不应低于±2%。千斤顶用于张拉预应力筋时，应标定千斤顶进油的主动工作状态；用于预应力筋固定端测试孔道摩阻或其他显示回程压力时，应标定试验机压千斤顶的被动工作状态。

(2)预应力筋张拉或放张时，混凝土强度应符合设计要求；当设计无具体要求时，不应低于设计采用的混凝土强度等级的75%。现浇结构施加预应力时，混凝土的龄期：对后张楼板不宜小于5 d，对后张大梁不宜小于7 d。为防止混凝土出现早期裂纹而施加预应力，可不受上述限制。

预应力筋张拉力是由锚固区传递给结构，因此张拉或放张时实体结构应达到设计要求的强度，满足锚固区局部受压承载力的要求。早龄期施加预应力的构件由于弹性模量低，会产生较大的压缩变形和徐变，因此本规程规定，对后张楼板不宜小于5 d，对后张大梁不宜小于7 d。

(3)锚具安装前，应清理锚垫板端面的混凝土残渣和喇叭管内的杂物，且应检查锚垫板后的混凝土密实性，同时应清理预应力筋表面的浮锈和渣土。

锚垫板端面、喇叭管内和预应力筋表面应清理干净，保证张拉和锚固质量，防止出现断丝和滑丝现象。

(4)锚具安装时锚板应对中,夹片应夹紧且缝隙均匀。

(5)张拉设备安装时,对直线预应力筋,应使张拉力的作用线与预应力筋中心线重合;对曲线预应力筋,应使张拉力的作用线与预应力筋中心线末端的切线重合。

(6)预应力筋张拉前,应计算所需张拉力、压力表读数、张拉伸长值,并说明张拉顺序和方法,填写张拉申请单。

【技能要点2】预应力筋张拉

(1)一般要求

1)预应力构件的张拉顺序,应根据结构受力特点、施工方便、操作安全等因素确定。对现浇预应力混凝土楼面结构,宜先张拉楼板、次梁,后张拉主梁。对预制屋架等平卧叠浇构件,应从上而下逐个张拉。预应力构件中预应力筋的张拉顺序,应遵循对称张拉原则。

预应力筋的张拉顺序应使混凝土不产生超应力、构件不扭转与侧弯、结构不变位,因此,对称张拉是一个重要原则。同时,还应考虑到尽量减少张拉设备的移动次数。当构件截面平行配置的两束预应力筋不同时张拉时,其张拉力相差不应大于设计值的50%,即先将第1束张拉0～50%的力,再将第2束张拉0～100%的力,最后将第1束张拉50%～100%的力。

2)预应力筋的张拉方法,应根据设计和施工计算要求采取一端张拉或两端张拉。采用两端张拉时,宜两端同时张拉,也可一端先张拉,另一端补张拉。

直线预应力筋应采取一端张拉。曲线预应力筋锚固时由于孔道反向摩擦的影响,张拉端锚固损失最大,沿构件长度逐步减至零。当锚固损失的影响长度 $I_f \geqslant L/2$(L 为构件长度)时,张拉端锚固后预应力筋的应力等于或小于固定端的应力,应采取一端张拉。当 $I_f \leqslant L/2$ 时,应采取两端张拉,但对简支构件或采取超张拉措施满足固定端拉力后,也可改用一端张拉。

3)对同一束预应力筋,应采用相应吨位的千斤顶整束张拉。对直线形或平行排放的预应力钢绞线束,在各根钢绞线不受叠压时，也可采用小型千斤顶逐根张拉。

在一般情况下，对同一束预应力筋，应采取整束张拉，使各根预应力筋建立的应力比较均匀。在一些特殊情况下（如张拉千斤顶吨位不足，张拉端局部受压承载力不够，或张拉空间受限制等），对扁锚束、直线束或弯曲角度不大的单波曲线束，可采取单根张拉。

4）预应力筋的张拉步骤：应从零应力加载至初拉力，测量伸长值初读数，再以均匀速度分级加载分级测量伸长值至终拉力。钢绞线束张拉至终拉力时，宜持荷 2 min。

5）采用应力控制方法张拉时，应校核预应力筋张拉伸长值。实际伸长值与计算伸长值的偏差不应超过±6%。如超过允许偏差，应查明原因并采取措施后方可继续张拉。

6）对特殊预应力构件或预应力筋，应根据设计和施工要求采取专门的张拉工艺，如分阶段张拉、分批张拉、分级张拉、分段张拉、变角张拉等。

分阶段张拉是指在后张传力梁中，为了平衡各阶段的荷载，采取分阶段施加预应力的方法。分批张拉是指不同束号先后错开张拉的方法。分级张拉是指同一束号按不同程度张拉的方法。分段张拉是指多跨连续梁分段施工时，统长的预应力筋需要逐段张拉的方法。变角张拉工艺是指张拉作业受到空间限制，需要在张拉端锚具前安装变角块，使预应力筋改变一定的角度后进行张拉的工艺。经实际测试，变角为 10°～25°时，应超张拉 2%～3%；变角为25°～40°时，应超张拉 5%，弥补预应力损失。

7）对多波曲线预应力筋，可采取超张拉回松技术来提高内支座处的张拉应力并降低锚具下口的张拉应力。

8）先张法预应力筋可采用单根张拉或成组张拉。当采用成组张拉时，应预先调整初应力。

9）钢桁架施加预应力宜在该桁架和部分支撑安装就位后进行。根据钢桁架承担的荷载情况，可采取一次张拉或多次张拉。

10）预应力筋张拉时，应对张拉力、压力表读数、张拉伸长值、异常现象等做出详细记录。

(2)张拉控制应力

预应力筋的张拉工作是预应力施工中的关键工序,应严格按设计要求进行。预应力筋张拉控制应力的大小直接影响预应力效果,影响到构件的抗裂度和刚度,因而控制应力不能过低。但是,控制应力也不能过高,不允许超过其屈服强度,以使预应力筋处于弹性工作状态。否则会使构件出现裂缝的荷载与破坏荷载很接近,这是很危险的。

过大的超张拉会造成反拱过大,预拉区出现裂缝也是不利的。预应力筋的张拉控制应力应符合设计要求。当施工中预应力筋需要超张拉时,可比设计要求提高 5%,但其最大张拉控制应力不得超过表 5—15 的规定。

表 5—15　最大张拉控制应力允许值(单位:N/mm^2)

钢筋种类	张拉方法	
	先张法	后张法
碳素钢丝、刻痕钢丝、钢绞线	$0.80f_{ptk}$	$0.75f_{ptk}$
冷拔低碳钢丝、热处理钢筋	$0.75f_{ptk}$	$0.70f_{ptk}$
冷拉热轧钢筋	$0.95f_{ptk}$	$0.90f_{ptk}$

钢丝、钢绞线属于硬钢,冷拉热轧钢筋属于软钢。硬钢和软钢可根据它们是否存在屈服点划分,由于硬钢无明显屈服点,塑性较软钢差,所以其控制应力系数较软钢低。

(3)张拉程序

预应力筋张拉程序有以下两种:

1)$0 \rightarrow 105\%\sigma_{con} \rightarrow$ 持荷 2 min$\rightarrow \sigma_{con}$

2)$0 \rightarrow 103\%\sigma_{con}$

以上两种张拉程序是等效的,施工中可根据构件设计标明的张拉力大小、预应力筋与锚具品种、施工速度等选用。

预应力筋进行超张拉(103%~105%控制应力)主要是为了减少松弛引起的应力损失值。所谓应力松弛是指钢材在常温高应力作用下,由于塑性变形而使应力随时间延续而降低的现象。这种现象在张拉后的头几分钟内发展得特别快，往后则趋于缓慢。例如，超张拉5%并持荷2min，再回到控制应力，松弛已完成50%以上。

(4)张拉力

预应力筋的张拉力根据设计的张拉控制应力与钢筋截面积及超张拉系数之积而定。有：

$$N=m\sigma_{con}A_y$$

式中　N——预应力筋张拉力(N)；

m——超张拉系数，1.03～1.05；

σ_{con}——预应力筋张拉控制应力(N/mm^2)；

A_y——预应力筋的截面积(mm^2)。

预应力筋张拉锚固后实际应力值与工程设计规定检验值的相对允许偏差为±5%。预应力钢丝的应力可利用2CN—1型钢丝测力计或半导体频率测力计测量。

张拉时为避免台座承受过大的偏心压力，应先张拉靠近台座面重心处的预应力筋，再轮流对称张拉两侧的预应力筋。

(5)张拉伸长值校核

采用应力控制方法张拉时，应校核预应力筋的伸长值，如实际伸长值比计算伸长值大于10%或小于5%，应暂停张拉，在查明原因、采用措施予以调整后，方可继续张拉。预应力筋的计算伸长值Δl(mm)可按下式计算：

$$\Delta l=F_p\cdot lA_p\cdot E_s$$

式中　F_p——预应力筋的平均张拉力(kN)，直线筋取张拉端的拉力；两端张拉的曲线筋，取张拉端的拉力与跨中扣除孔道摩阻损失后拉力的平均值；

A_p——预应力筋的截面面积(mm^2)；

l——预应力筋的长度(mm)；

E_s——预应力筋的弹性模量(kN/mm^2)。

预应力筋的实际伸长值，宜在初应力为张拉控制应力10%左右时开始量测，但必须加上初应力以下的推算伸长值；对后张法，尚应扣除混凝土构件在张拉过程中的弹性压缩值。

(6)预应力筋张拉

1)单根预应力钢筋张拉，可采用 YC18、YC200、YC60 或 YL60 型千斤顶在双横梁式台座或钢模上单根张拉，螺杆式夹具或夹片锚固。热处理钢筋或钢绞线用优质夹片或夹具锚固。

2)在三横梁式或四横梁式台座上生产大型预应力构件时，可采用台座式千斤顶成组张拉预应力钢筋(见图 5—19)。张拉前应调整初应力(可取 $5\%\sigma_{con}\sim10\%\sigma_{con}$)，使每根均匀一致，然后再进行张拉。

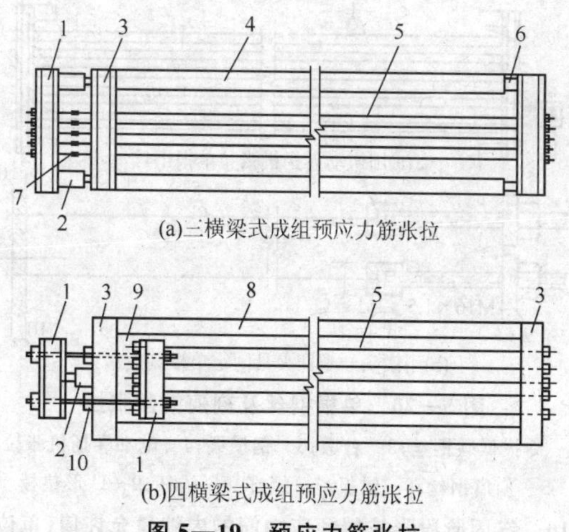

(a)三横梁式成组预应力筋张拉

(b)四横梁式成组预应力筋张拉

图 5—19　预应力筋张拉

1—活动横梁；2—千斤顶；3—固定横梁；4—槽式台座；5—预应力筋(丝)；6—放松装置；7—连接器；8—台座传力柱；9—大螺杆；10—螺母

3)单根冷拔低碳钢丝拉可采用 10 kN 电动螺杆张拉机或电动卷扬张拉机，用弹簧测力计测力，锥锚式夹具锚固[见图 5—20(a)]。单根刻痕钢丝可采用 20～30 kN 电动卷扬张拉机单根张拉，并用优质锥销式夹具或镦头螺杆夹具锚固[见图 5—20(b)]。

4)在预制厂以机组流水法生产预应力多孔板时，可在钢模上用镦头梳筋板夹具成批张拉。钢丝两端镦粗，一端卡在固定梳筋板上，另一端卡在张拉端的活动梳筋板上，通过张拉钩和拉杆式千斤顶进行成组张拉。

5)单根张拉钢筋(丝)时,应按对称位置进行,并考虑下批张拉所造成的预应力损失。

6)多根预应力筋同时张拉时,必须事先调整初应力,使其相互间的应力一致。张拉过程中,应抽查预应力值,其偏差不得大于或小于按一个构件全部钢丝预应力总值的5%;其断丝或滑丝数量不得大于钢丝总数的3%。

7)锚固阶段张拉端预应力筋的内缩量不宜大于表5—16的规定。

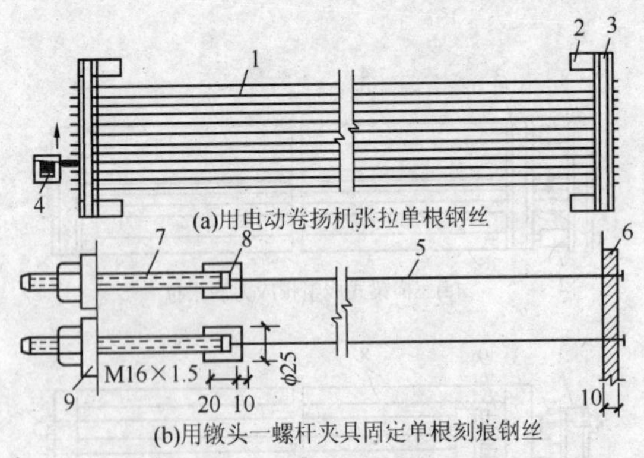

图5—20　单根钢丝及刻痕钢丝张拉

1—冷拔低碳钢丝;2—台墩;3—钢横梁;4—电动卷扬机张拉;5—刻痕钢丝;6—锚板;7—螺杆;8—锚杯;9—U形垫板

表5—16　锚固阶段张拉端预应力筋的内缩量允许值(单位:mm)

锚具类别	内缩量允许值
支承式锚具(镦头锚、带有螺丝端杆的锚具等)	1
锥塞式锚具	5
夹片式锚具	5
每块后加的锚具垫板	1

注:1. 内缩量值系指预应力筋锚固过程中,由于锚具零件之间和锚具与预应力筋之间相对移动和局部塑性变形造成的回缩量。

2. 当设计对锚具内缩量允许值有专门规定时,可按设计规定确定。

8)张拉应以稳定的速率逐渐加大拉力,并保证使拉力传到台座横梁上,而不应使预应力筋或夹具产生次应力(如钢丝在分丝板、横梁或夹具处产生尖锐的转角或弯曲)。锚固时,敲击锥塞或楔块应先轻后重；与此同时，倒开张拉机，放松钢丝，两者应密切配合，既要减少钢丝滑移，又要防止锤击力过大，导致钢丝在锚固夹具与张拉夹具处受力过大而断裂。张拉设备应逐步放松。

(7)张拉注意事项

1)张拉前应先查混凝土试块的强度资料，确认混凝土强度达到张拉时的要求，才可进行张拉施工。

2)张拉前要检查模板有无下沉现象，构件(梁等)有无裂缝等质量问题和混凝土疵病。如问题严重应研究处理，不应轻率进行张拉。

3)对张拉设备及锚具进行检查校验。

4)制定施工安全措施。施工中应注意安全。张拉时，正对钢筋两端禁止站人。敲击锚具的锥塞或楔块时，不应用力过猛，以免预应力筋断裂伤人，但又要锚固可靠。当气温低于2℃时，尤应考虑预应力筋容易脆断的危险。

张拉后为了检验各钢丝的内力是否一致，可采用测力计测定钢丝的内力。

5)准备张拉记录表格及记录人员。

6)注意张拉中的情况，如发现滑丝或断裂，要及时停止张拉，进行检查。规范中规定对后张法构件，断、滑丝严禁超过结构同一截面预应力钢材总根数的3%，且一束钢丝只允许一根。当超过上述规定要重新换预应力筋，或对锚具进行检查，无误后才可再恢复施工。

7)张拉完毕要进行记录资料的整理，并检查各个结果是否正常，最后作为技术资料归档。

【技能要点3】预应力筋放张

(1)一般规定

1)先张法预应力筋的放张顺序应符合设计要求；当设计无具体要求时，可按下列规定放张。

①对承受轴心预压力的构件(如压杆、桩等)，所有预应力筋应同时放张。

②对承受偏心预压力的构件(如梁等),应先同时放张预压力较小区域的预应力筋,后同时放张预压力较大区域的预应力筋。

③当不能按上述规定放张时,应分阶段、对称、相互交错放张。

2)先张法预应力筋宜采取缓慢放张方法,可采用千斤顶或螺杆等机具进行单独或整体放张。

3)后张法预应力筋张拉锚同后,如遇到特殊情况需要放张,宜在工作锚上安装拆锚器,采用小型千斤顶逐根放张。

4)后张法预应力结构拆除或开洞时,应有专项预应力放张方案,防止高应力状态的预应力筋弹出伤人。

5)预应力筋放张应有详细记录。

(2)放张要求

张法施工的预应力筋放张时,预应力混凝土构件的强度必须符合设计要求。设计无要求时,其强度不低于设计的混凝土强度标准值的75%。过早放张预应力筋会引起较大的预应力损失或使预应力钢丝产生滑动。对于薄板等预应力较低的构件,预应力筋放张时混凝土的强度可适当降低。预应力混凝土构件在预应力筋放张前要对试块进行试压。

预应力混凝土构件的预应力筋为钢丝时,放张前,应根据预府力钢丝的应力传递长度,计算出预应力钢丝在混凝土内的回缩值,以检查预应力钢丝与混凝土的黏结效果。若实测的回缩值小于计算的回缩值,则预麻力钢丝与混凝土的黏结效果满足要求,可进行预应力钢丝的放张。

预应力钢丝理论同缩值,可按下面公式进行计算。

$$a=12\sigma_{y1}E_{s}l_{a}$$

式中　a——预应力钢丝的理论回缩值(cm);

σ_{y1}——第一批损失后,预应力钢丝建立起来的有效预应力值(N/mm^2);

E_s——预应力钢丝的弹性模量(N/mm^2);

l_a——预应力钢筋传递长度(mm),见表5—17。

表 5—17　预应力钢筋传递长度 l_a

项次	钢筋种类	放张时混凝土强度			
		C20	C30	C40	≥C50
1	刻痕钢丝 $d<5$ mm	$150d$	$100d$	$65d$	$50d$
2	钢绞线 $d=7.5\sim15$ mm	—	$85d$	$70d$	$70d$
3	冷拔低碳钢丝 $d=3\sim5$ mm	$110d$	$90d$	$80d$	$80d$

注：1. 确定传递长度 l_a 时，表中混凝土强度等级应按传力锚固阶段混凝土立方体抗压强度确定。

2. 当刻痕钢丝的有效预应力值 σ_{y1} 大于或小于 1 000 MPa 时，其传递长度应根据本表项次 1 的数值按比例增减。

3. 当采用骤然放张预应力钢筋的施工工艺时，l_a 的起点应从距离构件末端 $0.25l_a$ 处开始计算。

4. 冷拉 HP335、RRB400 级钢筋的传递长度 l_a 可不考虑。

5. d 为钢筋(丝)的直径。

预应力钢丝实测的回缩值，必须在预应力钢丝的应力接近时进行测定。

(3)放张顺序

为避免预应力筋放张时对预应力混凝土构件产生过大的冲击力，引起构件端部开裂、构件翘曲和预应力筋断裂，预应力筋放张必须按下述规定进行。

1)对配筋不多的预应力钢丝混凝土构件，预应力钢丝放张可采用剪切、割断和熔断的方法逐根放张，并应自中间向两侧进行。对配筋较多的预应力钢丝混凝土构件，预应力钢丝放张应同时进行，不得采用逐根放张的方法，以防止最后的预应力钢丝因应力增加过大而断裂或使构件端部开裂。

2)对预应力钢筋混凝土构件，预应力钢筋放张应缓慢进行。预应力钢筋数量较少，可逐根放张；预应力钢筋数量较多，则应同时放张。对于轴心受压的预应力混凝土构件，预应力筋应同时放张。对于偏心受压的预应力混凝土构件，应先同时放张预压应力较小区域的预应力筋，后同时放张预压应力较大区域的预应力筋。

3)如果轴心受压或偏心受压预应力混凝土构件，不能按上述规定进行预应力筋放张，则应采用分阶段、对称、相互交错的放张方法，以防止在放张过程中，预应力混凝土构件发生翘曲、出现裂缝和预应力筋断裂等现象。

4)采用湿热养护的预应力混凝土构件。宜热态放张，不宜降温后放张。

(4)放张方法

可采用千斤顶、楔块、螺杆张拉架或砂箱等工具(见图 5—21)。

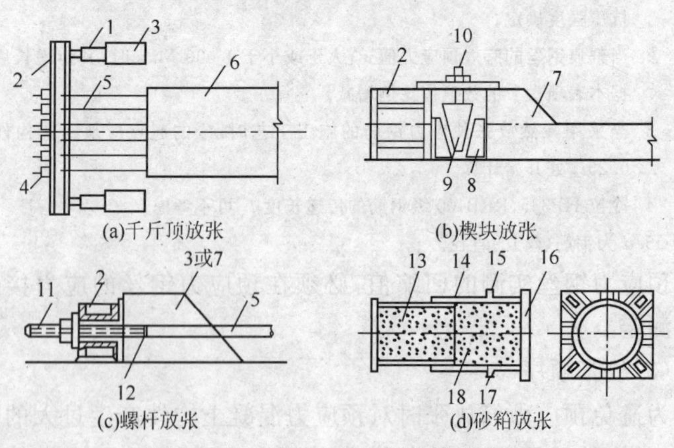

图 5—21　预应力筋(丝)的放张方法

1—千斤顶；2—横梁；3—承力支架；4—夹具；5—预应力钢筋(丝)；6—构件；7—台座；8—钢块；9—钢楔块；10—螺杆；11—螺纹端杆；12—对焊接头；13—活塞；14—钢箱套；15—进砂口；16—箱套底板；17—出砂口；18—砂子

对于预应力混凝土构件，为避免预应力筋一次放张时，对构件产生过大的冲击力，可利用楔块或砂箱装置进行缓慢的放张方法。

楔块装置放置在台座与横梁之间，放张预应力筋时，旋转螺母使螺杆向上运动，带动楔块向上移动，横梁向台座方向移动，预应力筋得到放松。

砂箱装置放置在台座与横梁之间。砂箱装置由钢制的套箱和活塞组成，内装石英砂或铁砂。预应力筋放张时，将出砂口打开，砂缓慢流出，从而使预应力筋慢慢地放张。

【技能要点 4】质量要求

(1)预应力筋的张拉质量要求

1)预应力筋张拉时,混凝土强度应符合设计要求

2)预应力筋的张拉力、张拉顺序和张拉工艺应符合设计及施工技术方案的要求。

3)预应力筋张担伸长实测值与计算值的偏差不应超过±6%,其合格点率应达到 95%,且最大偏差不应超过±10%。

4)预应力筋张拉铺固后,实际建立的预应力值与设计规定检验值的相对偏差不应超过±5%。

5)预应力筋张拉过程中应避免断裂或滑脱。如发生断裂或滑脱,对后张法预应力结构构件,其数量严禁超过同一截面上预应力筋总根数的 3%,且每束钢丝不超过 1 根;对多跨连续双向板和密肋梁,同一截面应按开间计算;对先张法预应力构件,在浇筑混凝土前发生断裂或滑脱的预应力筋必须予以更换。

6)锚固阶段张拉端预应力筋的内缩值,应符合设计要求。

7)预应力筋锚固后,夹片顶面宜平齐,其错位不宜大于 2 mm,且不应大于 4 mm。

8)后张法预应力筋张拉后,应检查构件有无开裂现象。如出现有害裂缝,应会同设计单位处理;先张法预应力筋张拉后与设计位置的偏差不应大于 5 mm,且不得大于构件截面短边长的 4%。

(2)预应力筋的放张质量要求

1)预应力筋放张时,混凝土强度应符合设计要求。

2)先张法构件的放张顺序,应使构件对称受力,不可发生翘曲变形。

3)先张法预应力筋放张时,应使构件能自由伸缩。

4)先张法预应力筋放张后,构件端部钢丝的内缩值不宜大于 1.0 mm。

第七节　灌浆与封锚

【技能要点1】准备工作

(1)后张法有黏结预应力筋张拉完毕并经检查合格后,应尽早灌浆。

(2)灌浆前应全面检查预应力筋孔道、灌浆孔、排气孔、泌水管等是否畅通。对抽芯成型的混凝土孔道宜用水冲洗后灌浆;对预埋管成型的孔道不得用水冲洗孔道,必要时可采用压缩空气清孔。

(3)灌浆设备的配备必须确保连续工作条件,根据灌浆高度、长度、形态等条件选用合适的灌浆泵。灌浆泵应配备计量校验合格的压力表。灌浆前应检查配套设备、输浆管和阀门的可靠性。在锚垫板上灌浆孔处宜安装单向阀门。注入泵体的水泥浆应经筛滤,滤网孔径不宜大于2 mm。与输浆管连接的出浆孔孔径不宜小于10 mm。

(4)灌浆前,对锚具夹片空隙和其他可能漏浆处需采用高强度等级水泥浆或结构胶等封堵,待封堵料达到一定强度后方可灌浆。

【技能要点2】制浆要求

(1)孔道灌浆用水泥浆应采用普通硅酸盐水泥和水拌制。水泥浆的水灰比不应大于0.42,拌制后3 h,泌水率不宜大于2%,且不应大于3%,泌水应在24 h内全部重新被水泥浆体吸收。

(2)水泥浆中宜掺入高性能外加剂。严禁掺入各种含氯盐或对预应力筋有腐蚀作用的外加剂。掺外加剂后,水泥浆的水灰比可降为0.35～0.38。所采购的外加剂应与水泥做适应性试验并确定掺量后,方可使用。

(3)水泥浆的可灌性以流动度控制:采用流淌法测定时应为130～180 mm,采用流锥法测定时应为12～18 s。测定方法应符合相关的规定。

(4)水泥浆应采用机械拌制,应确保灌浆材料搅拌均匀。水泥浆停留时间过长发生沉淀离析时,应进行二次搅拌。

【技能要点3】灌浆工艺

(1)一般要求

1)灌浆顺序宜先灌下层孔道,后灌上层孔道。灌浆应缓慢连续进行,不得中断,并应排气通顺。在灌满孔道封闭排气孔后,应再继续加压至0.5～0.7 MPa,稳压1～2 min后封闭灌浆孔。当发生孔道阻塞、串孔或中断灌浆时,应及时冲洗孔道或采取其他措施重新灌浆。

2)当孔道直径较大,采用不掺微膨胀减水剂的水泥浆灌浆时,可采用下列措施:

①二次压浆法:二次压浆的间隔时间可为30～45 min。

②重力补浆法:在孔道最高点处400 mm以上,连续不断补浆,直至浆体不下沉为止。

3)采用连接器连接的多跨连续预应力筋的孔道灌浆,应在连接器分段的预应力筋张拉后随即进行,不得在各分段全部张拉完毕后一次连续灌浆。

4)竖向孔道灌浆应自下而上进行,并应设置阀门,阻止水泥浆回流。为确保其灌浆密实性,除掺微膨胀减水剂外,并应采用重力补浆。

5)对超长、超高的预应力筋孔道,宜采用多台灌浆泵接力灌浆,从前置灌浆孔灌浆直至后置灌浆孔冒浆,后置灌浆孔方可续灌。

6)灌浆孔内的水泥浆凝固后,应将泌水管等切至构件表面;如管内有空隙,应仔细补浆。

7)当室外温度低于5 ℃时,孔道灌浆应采取抗冻保温措施。

当室外温度高于35 ℃时,宜在夜间进行灌浆。水泥浆灌入前的温度不应超过35 ℃。

8)孔道灌浆应填写施工记录,标明灌浆日期、水泥品种、强度等级、配合比、灌浆压力和灌浆情况。

(2)孔道灌浆

1)有黏结的预应力,其管道内必须灌浆,灌浆需要设置灌浆孔

(或泌水孔),从经验得出设置泌水孔道的曲线预应力管道的灌浆效果好。一般一根梁上设三个点为宜,灌浆孔宜设在低处,泌水孔可相对高些,灌浆时可使孔道内的空气或水从泌水孔顺利排出。位置如图 5—22 所示。

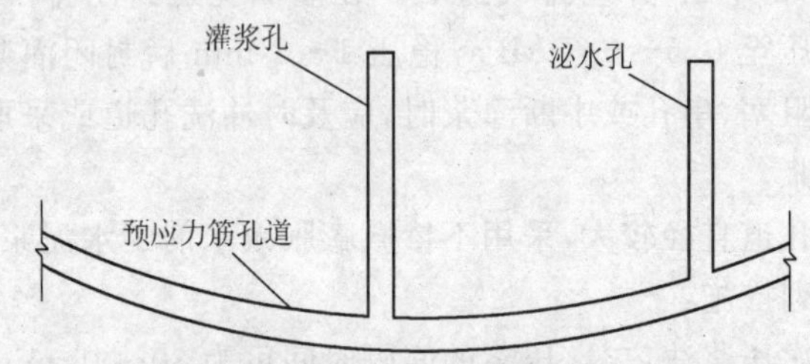

图 5—22　灌浆孔、泌水孔设置示意图

在波纹管安装固定后,用钢锥在波纹管上凿孔,再在其上覆盖海绵垫片与带嘴的塑料弧形压板,用铁丝绑扎牢固,再用塑料管接在嘴上,并将其引出梁面 40～60 mm。

预应力筋张拉、锚固完成后,应立即进行孔道灌浆工作,以防锈蚀,增加结构的耐久性。

灌浆用的水泥浆,除应满足强度和黏结力的要求外,应具有较大的流动性和较小的干缩性、泌水性。应采用强度等级不低于 42.5 级普通硅酸盐水泥;水灰比宜为 0.4 左右。对于空隙大的孔道可采用水泥砂浆灌浆,水泥浆及水泥砂浆的强度均不得小于 20 N/mm^2。为增加灌浆密实度和强度,可使用一定比例的膨胀剂和减水剂。减水剂和膨胀剂均应事前检验,不得含有导致预应力钢材锈蚀的物质。建议拌合后的收缩率应小于 2%,自由膨胀率不大于 5%。

灌浆前孔道应湿润、洁净。对于水平孔道,灌浆顺序应先灌下层孔道,后灌上层孔道。对于竖直孔道,应自下而上分段灌注,每段高度视施工条件而定,下段顶部及上段底部应分别设置排气孔和灌浆孔。灌浆压力以 0.5～0.6 MPa 为宜。灌浆应缓慢均匀地进行,不得中断,并应排气通畅。不掺外加剂的水泥浆,可采用二次灌浆法,以提高密实度。

孔道灌浆前应检查灌浆孔和泌水孔是否通畅。灌浆前孔道应用高压水冲洗、湿润，并用高压风吹去积在低点的水，孔道应畅通、干净。灌浆应先灌下层孔道，对一条孔道必须在一个灌浆口一次把整个孔道灌满。灌浆应缓慢进行，不得中断，并应排气通顺；在灌满孔道并封闭排气孔（泌水口）后，宜再继续加压至 0.5～0.6MPa，稍后再封闭灌浆孔。

如果遇到孔道堵塞，必须更换灌浆口，此时，必须在第二灌浆口灌入整个孔道的水泥浆量，以致把第一灌浆口灌入的水泥浆排出，使两次灌入水泥浆之间的气体排出，以保证灌浆饱满密实。

2)冬期施工灌浆，要求把水泥浆的温度提高到 20 ℃左右。并掺些减水剂，以防止水泥浆中的游离水造成冻害裂缝。

【技能要点 4】真空辅助灌浆

(1)真空辅助灌浆除采用传统的灌浆设备外，还需配备真空泵及其配件等。

(2)真空辅助灌浆的孔道应具有良好的密封性。

(3)真空辅助灌浆采用的水泥浆应优化配合比，宜掺入适量的缓凝高效减水剂。根据不同的水泥浆强度等级要求，其水灰比可为 0.33～0.40。制浆时宜采用高速搅浆机。

(4)预应力筋孔道灌浆前，应切除外露的多余钢绞线并进行封锚。

(5)孔道灌浆时，在灌浆端先将灌浆阀、排气阀全部关闭。在排浆端启动真空泵，使孔道真空度达到－0.08～0.1 MPa，并保持稳定，然后启动灌浆泵开始灌浆。在灌浆过程中，真空泵应保持连续工作，待抽真空端有浆体经过时关闭通向真空泵的阀门，同时打开位于排浆端上方的排浆阀门，排出少许浆体后关闭。灌浆工作继续按常规方法完成。

【技能要点 5】锚具封闭保护

(1)一般要求

1)后张法预应力筋锚固后的外露部分宜采用机械方法切割。预应力筋的外露长度不宜小于其直径的 1.5 倍，且不宜小于 25 mm。

2)锚具封闭保护应符合设计要求。当设计无具体要求时,应符合相关的规定。

3)锚具封闭前应将周围混凝土冲洗干净、凿毛,对凸出式锚头应配置钢筋网片。

4)锚具封闭保护宜采用与构件同强度等级的细石混凝土,也可采用微膨胀混凝土、低收缩砂浆等。

5)无黏结预应力筋锚具封闭前,无黏结筋端头和锚具夹片应涂防腐蚀油脂,并套上塑料帽,也可涂刷环氧树脂。

6)对处于二类、三类环境条件下的无黏结预应力筋与锚具部件的连接以及其他部件之间的连接,应采用密封装置或采取连续封闭措施。

(2)锚头端部处理

无黏结预应力束通常采用镦头锚具,外径较大,钢丝束两端留有一定长度的孔道,其直径略大于锚具的外径,见图 5—23(a)、(b),其中塑料套筒供钢丝束张拉时,锚环从混凝土中拉出来用,塑料套筒内空隙用油枪通过锚环的注油孔注满防腐油,最后用钢筋混凝土圈梁将板端外露锚具封闭。采用无黏结钢绞线夹片或锚具时,张拉后端头钢绞线预留长度应不小于 15 cm,多余部分割掉,并将钢绞线散开打弯,埋在圈梁内进行锚固,见图 5—23(c)。钢丝束张拉锚固以后,其端部便留下孔道,且该部分钢丝没有涂层,必须采取保护措施,防止钢丝锈蚀。

无黏结预应力束锚头端部处理的办法,目前常用的有两种办法:一是在孔道中注入油脂并加以封闭。二是在两端留设的孔道内注入环氧树脂水泥砂浆,将端部孔道全部灌注密实,以防预应力筋发生局部锈蚀。灌筑用环氧树脂水泥砂浆的强度不得低于 35 MPa。灌浆的同时将锚环也用环氧树脂水泥砂浆封闭,即可防止钢丝锈蚀,又可起一定的锚固作用。最后浇筑混凝土或外包钢筋混凝土,或用环氧砂浆将锚具封闭。用混凝土做堵头封闭时,要防止产生收缩裂缝。当不能采用混凝土或环氧砂浆作封闭保护时,预应力筋锚具要全部涂刷抗锈漆或油脂,并加其他保护措施。

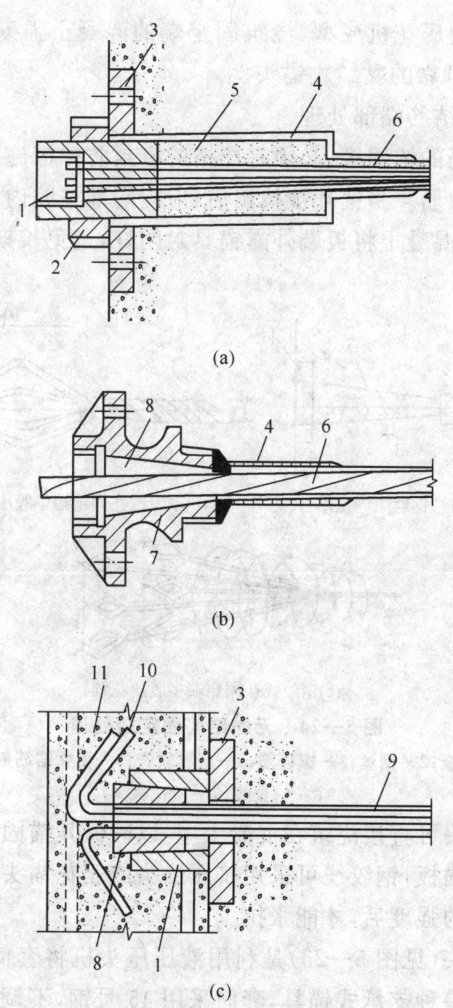

图 5—23　无黏结筋(丝)、钢绞线张拉端处理

1—锚环；2—螺母；3—承压板；4—塑料保护套筒；5—油脂；6—无黏结钢丝束；7—锚体；8—夹片；9—钢绞线；10—散开打弯钢丝；11—圈梁

无黏结筋的固定端可设在构件内。采用无黏结钢丝束时固定端可采用镦头锚板，并用螺栓加强[见图 5—24(a)]，如端部无结构配筋，需配置构造钢筋，采用无黏结钢绞线时，钢绞线在固定端需要散花，可用压花成型[见图 5—24(b)、(c)]，放置在设计部位，压花锚亦可用压花机成型,浇筑固定端的混凝土强度等级应大于C30,以形成可靠的黏结式锚头。

(3)无黏结筋端部处理

无黏结筋的锚固区,必须有严格的密封防护措施,严防水汽进入锈蚀预应力筋。当锚环被拉出后,应向端部空腔内注防腐油脂。灌油后,再用混凝土将板端外露锚具封闭好,避免长期与大气接触造成锈蚀。

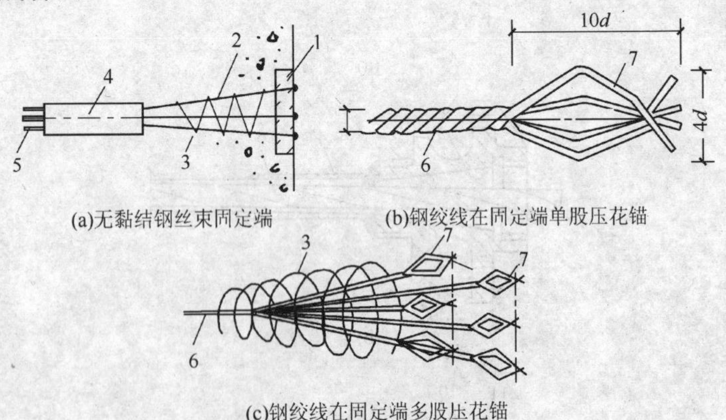

图 5—24　无黏结筋固定端处理

1—锚板;2—钢丝;3—螺栓筋;4—塑料软管;5—无黏结筋钢丝束;6—钢绞线;7—压花锚

固定端头可直接浇筑在混凝土中,以确保其锚固能力,钢丝束可采用镦头锚板,钢绞线可采用挤压锚头或压花锚头,并应待混凝土达到规定的强度后,才能张拉。

挤压锚头(见图 5—25)是利用液压压头机将套筒挤紧在钢绞线端头上的一种支承式锚具,套筒采用 45 号钢,不调质,套筒内衬有硬钢丝螺旋圈。锚具下设有钢垫板与螺旋筋。这种锚具适用于构件端部的设计力大或端部受到限制的情况。

压花锚头(见图 5—26)是利用液压压花机将钢绞线端头压成梨形散花头的一种粘结式锚具。多根钢绞线梨形头应分排埋置在混凝土内。为增强压花锚头四周混凝土及散花头根部混凝土的抗裂度,在散花头头部可配置构造筋,在散花头根部配置螺旋筋。

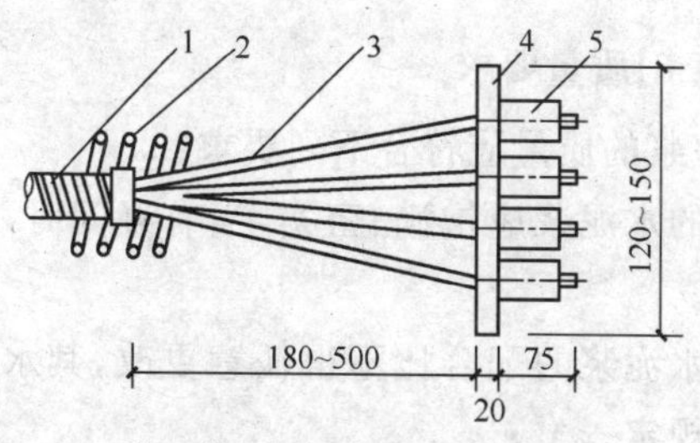

图 5—25　挤压锚具、钢垫板与螺旋筋(单位:mm)

1—波纹管;2—螺旋筋;3—钢绞线;4—钢垫板;5—挤压锚具

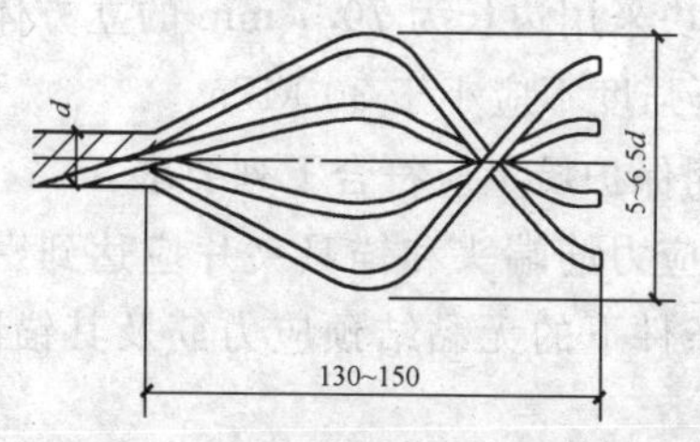

图 5—26　压花锚头(单位:mm)

无黏结短束固定端锚固可分为用锚板形成有黏结级固定端和用钢筋弯钩形成有黏结级固定端两种锚固形式,如图 5－27 所示。

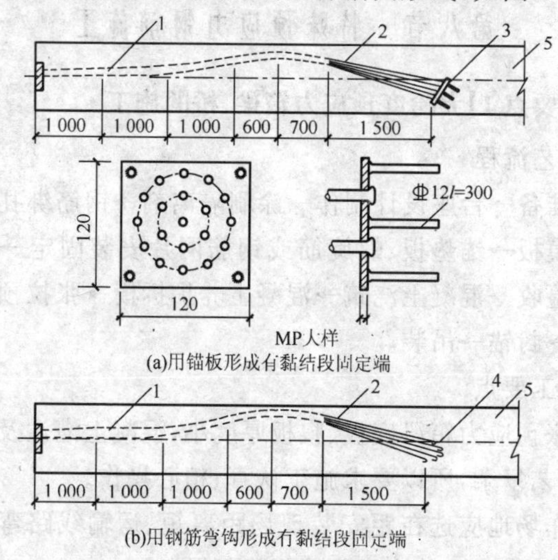

图 5—27　无黏结短束固定端锚固图(单位:mm)

1—无黏结段;2—有黏结段;3—MP 锚板;4—弯钩;5—构件

【技能要点 6】质量要求

(1)孔道灌浆的质量应符合下列要求：

1)孔道内的水泥浆应饱满、密实，当有疑问时，可采用无损探测或钻孔检查。

2)施工中水泥浆的配合比不得任意更改，其水灰比和泌水率应符合设计的规定。

3)孔道灌浆压力不得小于 0.5 MPa。

4)水泥浆试块采用边长为 70.7 mm 的立方体试模制作，标准养护 28 d 的抗压强度不应小于 30 MPa。

(2)锚具封闭保护质量应符合下列要求：

1)无黏结预应力筋端头和锚具夹片应达到密封要求，对处于二类、三类环境条件下的无黏结预应力筋及其锚固系统应达到全封闭保护状态。

2)凸出式锚固端的保护层厚度应符合设计的规定。

3)封锚混凝土应密实、无裂纹。

第八节　特殊预应力钢筋施工

【技能要点 1】大跨度预应力箱梁、桥的施工

(1)工艺流程

施工准备→台座设计制作→涂刷隔离剂→钢筋绑扎→波纹管安装→支模板→锚垫板、螺旋筋或钢筋网片安装固定→穿预应力筋→隐蔽验收→混凝土浇筑→混凝土养护拆模→张拉预应力筋→孔道灌浆→封锚→吊装。

(2)施工要点

1)后张预应力箱梁底板、腹板厚度小，混凝土灌注及振捣难度大，施工工艺复杂，所以要求施工认真、精心操作。

2)制作场地应选在距安装现场距离短、运输线路弯度小且方便进出料的开阔处，并注意环境污染问题。

3)模板设计制作：台座可采用混凝土模，平整度要符合要求。

施工是根据设计要求、工期要求、已有场地面积、工作面要求、吊车宽度等因素确定台座数量、尺寸及间距，并应保证设计的起拱量和平整度。外模可采用定型钢模板或竹胶模板，内模板可根据设计的内芯形状定制，既可采用定型钢模板、可拆装木模，也可采用一次性芯模投入箱梁内不再取出。一次性芯模多用胶合板、小方木制成，应注意其重量不应超过设计规定。

4)钢筋应先绑扎框架，后穿入波纹管，顶板钢筋绑扎时，应注意留出安装内芯模的空隙，待芯模安装完毕，再集中绑扎。

5)预埋件安装应注意固定可靠，防止移位。外模及内模安装完毕后，根据不同规格型号的锚垫板，用螺栓与梁端头模板固定在一起并用海绵衬垫封严，螺旋筋必须靠在锚垫板上，以加强端部承受压剪作用的混凝土。

6)波纹管制作与安装：制作下料长度＝孔道长度＋两端外露长度，直径按设计要求调整，钢筋绑扎完毕后，即可安装波纹管，其定位必须严格按设计曲线坐标，用马凳固定牢固。波纹管安装完毕后应进行全面检查，发现孔洞裂纹用胶带封严以防漏浆。

7)钢绞线在混凝土浇筑前先穿入，为使钢绞线不发生相互缠绕现象，可将钢绞线两端用色漆标注，便于识别。

8)浇筑混凝土时严禁振捣棒直接触及波纹管、端部埋件和支撑架，锚垫板周围必须振捣密实，由于箱梁截面厚度薄，钢筋密，波纹管贯穿其中，因此混凝土一定要振捣密实。混凝土配比除应保证设计强度外，还应保证良好的和易性和流动性。试块留置应满足拆模、张拉、吊装和28 d标准养护条件的强度所需组数。浇筑混凝土后应立即来回拉动钢绞线，以防止因波纹管漏浆而使钢绞线粘结。混凝土拆除模板后应立即覆盖养护，并注意保温保湿。

9)张拉控制应力按设计要求定，一般取钢绞线抗拉标准强度的70%～75%，可超张拉3%。张拉仍然采取以张拉应力控制为主，以实际张拉伸长值控制为辅的方法。张拉应按设计要求对称张拉。

10)张拉完毕应尽早灌浆，一般仍采用水灰比为0.4～0.45的水泥浆，并掺入微膨胀剂。灌浆采用灌浆泵，不应采用空气泵，最大压力 0.5～0.7 MPa，达到最大压力后稳定一段时间，并使孔道端部溢满水泥浆，排气孔排出水泥浆为止，必要时可采用二次加压的方法。

应注意留置标准试块，以备确定吊装时间用，强度达到 20 MPa前不得起吊。

浇筑混凝土时禁止振动棒直接触及波纹管、端部埋件及其支撑架，锚垫板周围必须振捣密实，不得漏振、过振；试块留置应按规定满足检测拆模、张拉、吊装及 28 d 标准养护条件下的强度所需组数。

【技能要点 2】无黏结预应力楼板结构施工

(1)质量检验

1)预应力筋进场后必须根据规范进行外观检查和钢材性能复检，外观检查应检查管壁厚度、油脂用量等，破损率不应大于 1%，钢材力学性能检验应随机截取三组，去掉塑料管、擦净油脂后送检。

2)张拉端锚具多采用单孔夹片式锚具，夹片有二片式和三片式，锚固端如果外露，一般采用挤压锚具或采用平片锚具；如果锚固端不外露，一般采用镦头锚板、压花锚板和挤压锚板。锚具除检验出厂质量证明外，还应进行现场抽检，进行锚环和夹片硬度检测，合格后方可应用。

镦头尺寸：ϕ5 钢丝宽度为 7～7.5 mm，高 4.7～5.2 mm；ϕ7 钢丝宽度应 10～11 mm，高度 6.7～7.3 mm。不允许镦头处有贯通的裂纹出现。

(2)材料存放

无黏结预应力筋现场存放时，应做到下挚上盖，不得压、碰、摔、拖。如有破损，应及时用胶带修补完好。锚具必须在仓库存放

(3)设备校验

设备必须每隔半年校验一次，每次修后也应进行检验。张拉设备应配套校验，无黏结预应力施工常用张拉设备多为前置内卡

式或开口式双缸千斤顶、小型高压油泵，重量轻、现场操作方便。制作设备有挤压机、镦头器、切割机等。

(4)构造要求

单根无黏结预应力筋的锚同区应设有锚垫板和螺旋筋，板端预应力筋的最小间距应大于 70 mm，保护层厚度按设计要求定。张拉端外露长度不小于 60 mm，固定端外露长度一般取 100 mm。预应力筋下料长度系根据构件实际尺寸加上钢筋的外露长度。

(5)铺筋

无黏结预应力筋铺设比较简单，在下层非预应力钢筋就位后，根据设计图纸要求的位置和形状、保护层厚度铺设，用通长钢筋马凳固定牢固，然后绑扎上层非预应力筋。在双向平板中由于预应力筋在两个方向都要形成悬垂曲线，所以应先计算出预应力筋的矢高，根据矢高进行比较，决定筋的上下位置，进而定出预应力筋的先后铺放顺序。

铺预应力筋时一定要与安装人员密切配合，尽量避免各种管线将预应力筋的位置抬高或压低，安装偏差，在矢高方向为 ±5 mm，水平方向为 ±30 mm。

预应力筋在伸出张拉端垫板时，应割去塑料管，预应力筋应与承压板垂直，对于凹入式张拉端，还应在承压板外用塑料穴模或塑料泡沫留出千斤顶的空间，以备张拉操作。

(6)浇筑混凝土

应注意不要碰触预应力筋和支撑马凳，振捣一定要密实。

(7)张拉

张拉时混凝土强度应根据要求决定，一般不应低于混凝土强度标准值的 75%。

当预应力筋的长度大于 25 m 时，应采用两端张拉的方法。张拉可依次张拉，超高层无黏结预应力筋的张拉应对称进行，以避免筒体受扭变形。张拉时可超张拉 3%，实际伸长值可从 10% 开始量测，至 103% σ_{con} 结束，10% σ_{con} 以下的伸长值可根据理论推算确定。

为了防止特长多波曲线预应力筋一次张拉造成的摩擦损失过大,并且避免柱子的约束影响预应力效果,可采用分段张拉的方法施工。

张拉采用"逐层浇筑,逐层张拉,隔层拆架"的方法。

(8)封锚

无黏结筋锚固后,用无齿锯进行切割,严禁采用电焊、气割设施切割,预应力筋露出夹片的长度应小于 30 mm,其混凝土保护层厚度不小于 20 mm,应及时采取防腐蚀措施并用掺有微膨胀剂的混凝土封裹。由于无黏结预应力筋是靠锚具施加预应力的,钢筋本身悬浮在油脂中,所以对锚具的处理与防护非常重要,操作要认真。

第六章　钢筋工程质量验收与施工安全

第一节　钢筋工安全操作规程

【技能要点1】钢筋工安全操作的要求

(1)钢筋工程安全技术交底

1)进入现场应遵守安全生产六大纪律(即:进入现场必须戴好安全帽,扣好帽带并正确使用个人劳动防护用品。2 m以上的高处、悬空作业,无安全设施的,必须戴好安全带,扣好保险钩。高处作业时,不准往下或向上乱抛掷材料和工具。各种电动机械设备必须有可靠有效的安全接地和防雷装置,不懂电气和机械的人员,严禁使用和玩弄机电设备。吊装区域非操作人员严禁入内,吊装机械必须完好,爬杆垂直下方不准站人)。

2)钢筋断料、配料、弯料等工作应在地面进行,不准在高空操作。

3)切割机使用前,应检查机械运转是否正常,是否漏电;电源线须连接漏电开关,切割机后方不准堆放易燃物品。

4)搬运钢筋要注意附近有无障碍物、架空电线和其他临时电气设备,防止钢筋在回转时碰撞电线或发生触电事故。

5)起吊钢筋骨架时,下方禁止站人,待骨架降至距模板1 m以下后才准靠近,就位支撑好,方可摘钩。

6)起吊钢筋时,钢筋规格应统一,不得长短参差不一,不准一点吊。

7)现场绑扎悬空大梁钢筋时,不得站在模板上操作,应在脚手板上操作;绑扎独立柱头钢筋时,不准站在钢箍上绑扎,也不准将木料、管子、钢模板穿在钢箍内作为立人板。

8)钢筋头子应及时清理,成品堆放要整齐,工作台要稳,钢筋工作棚照明灯应加网罩。

9)高处作业时,不得将钢筋集中堆在模板和脚手板上,也不要把工具、钢箍、短钢筋随意放在脚手板上,以免滑下伤人。

10)在雷雨时应暂停露天操作,防雷击钢筋伤人。

11)钢筋骨架不论其固定与否,不得在上行走,禁止从柱子上的钢箍上下。

12)钢筋冷拉时,冷拉线两端必须装置防护设施。冷拉时严禁在冷拉线两端站人或跨越、触动正在冷拉的钢筋。

13)钢筋焊接方面应注意下面几个方面:

焊机应接地,以保证操作人员安全;对于接焊导线及焊错接导线处,都应可靠地绝缘。

大量焊接时,焊接变压器不得超负荷,变压器升温不得超过60℃,为此,要特别注意遵守焊机暂载率规定,以避免过分发热而损坏。

室内电弧焊时,应有排气通风装置。焊工操作地点相互之间应设挡板,以防弧光刺伤眼睛。

焊工应穿戴防护用具,电弧焊焊工要戴防护面罩,焊工应站立在干木垫或其他绝缘垫上。

焊接过程中,如焊机发生不正常响声,变压器绝缘电阻过小导线破裂、漏电等,均应立即进行检修。

(2)钢筋施工机械安全防护要求

1)钢筋机械。

①安装平稳固定,场地条件满足安全操作要求,切断机有上料架。

②切断机应在机械运转正常后方可送料切断。

③弯曲钢筋时扶料人员应站在弯曲方向反侧。

2)电焊机。

①电焊机摆放应平稳,不得靠近边坡或被土埋。

②电焊机一次侧首端必须使用漏电保护开关控制,一次电源线不得超过5 m,焊机机壳做可靠接零保护。

③电焊机一、二次侧接线应使用铜材质鼻夹压紧，接线点有防护罩。

④焊机二次侧必须安装同长度焊把线和回路零线，长度不宜超过 30m。

⑤严禁利用建筑物钢筋或管道作焊机二次回路零线。

⑥焊钳必须完好绝缘。

⑦电焊机二次侧应装防触电装置。

3)气焊用氧气瓶、乙炔瓶。

①气瓶储量应按有关规定加以限制，需有专用储存室，由专人管理。

②吊运气瓶到高处作业时应专门制作笼具。

③现场使用的压缩气瓶严禁曝晒或油渍污染。

④气焊操作人员应保证瓶、火源之间距离在 10 m 以上。

⑤应为气焊人员提供乙炔瓶防止回火装置，防振胶圈应完整无缺。

⑥应为冬期气焊作业提供预防气带子受冻设施，受冻气带子严禁用火烤。

4)机械加工设备。

①机械加工设备传动部位的安全防护罩、盖、板应齐全有效。

②机械加工设备的卡具应安装牢固。

③机械加工设备操作人员的劳动防护用品按规定配备齐全，合理使用。

④机械加工设备不许超规定范围使用。

(3)钢筋制作安装安全要求

1)钢筋加工机械应保证安全装置齐全有效。

2)钢筋加工场地应由专人看管，各种加工机械在作业人员下班后拉闸断电，非钢筋加工制作人员不得擅自进入钢筋加工场地。

3)冷拉钢筋时，卷扬机前应设置防护挡板，或将卷扬机与冷拉方向成 90°角，且应用封闭式的导向滑轮，冷拉场地禁止人员通行或停留，以防被伤。

4)起吊钢筋骨架时,下方禁止站人,待骨架降落至距安装标高1 m以内方准靠近,就位支撑好后,方可摘钩。

5)在高空、深坑绑扎钢筋和安装骨架时应搭设脚手架和马道。绑扎3 m以上的柱钢筋应搭设操作平台,已绑扎的柱骨架应采用临时支撑拉牢,以防倾倒。绑扎圈梁、挑檐、外墙、边柱钢筋时,应搭设外脚手架或悬挑架,并接规定挂好安全网。

【技能要点2】临边作业的安全防护要求

(1)对临边高处作业,必须设置防护措施,并符合下列要求。

1)首层墙高度超过3.2 m的二层楼面周边,以及无外脚手的高度超过3.2 m楼层周边,必须在外围架设安全平网一道。

2)井架与施工用电梯和脚手架等与建筑物通道的两侧边,必须设防护栏杆。地面通道上部应装设安全防护棚。双笼井架通道中间,应予封闭。

3)分层施工的楼梯口和梯段边,必须安装临时护栏。顶层楼梯口应随工程结构进度安装正式防护栏杆。

4)基坑周边,尚未安装栏杆或栏板的阳台、料台与平台两边,雨篷与挑檐边,无外脚手的屋面与楼层周边及水箱与水塔周边等处,都必须设置防护栏杆。

5)各种垂直运输接料平台,除两侧设防护栏杆外,平台口还应设置安全门或活动防护栏杆。

(2)搭设临边防护栏时,必须符合下列要求。

1)栏杆柱的固定应符舍下列要求。

①当在混凝土楼面、屋面和墙面固定时,可用预埋件与钢管或钢筋焊牢。采用竹、木栏杆时,可在预埋件上焊接30 cm长的∟50×5角钢,其上下各钻一孔,然后用10 mm螺栓与竹、木杆件拴牢。

②当在基坑四周固定时,可采用钢管并打入地面50～70 cm深。钢管离边口的距离,不应小于50 cm。当基坑周边采用板桩时,钢管可打在板桩外侧。

③当在砖或砌块等砌体上固定时,可预先砌入规格相适应的－80×6弯转扁钢作预埋铁的混凝土块,然后用上述方法固定。

2)栏杆柱的固定及其与横杆的连接,其整体构造应使防护栏杆在上杆任何地方,能经受任何方向的 1 000 N 外力。当栏杆所处位置有发生人群拥挤、车辆冲击或物件碰撞等可能时,应加大横杆截面或加密柱距。

3)防护栏杆必须自上而下用安全立网封闭,或在栏杆下边设置严密固定的高度不低于 18 cm 的挡脚板或 40 cm 的挡脚笆。挡脚板与挡脚笆上如有孔眼,不应大于 25 mm。板与笆下边距离底面的空隙不应大于 10 mm。

4)防护栏杆应由上、下两道横杆及栏杆柱组成,上杆离地面高度为 1.0～1.2 m,下杆离地面高度为 0.5～0.6 m。坡度大于 1∶2.2 的屋面,防护栏杆应高 1.5 m,并加挂安全网。除经设计计算外,横杆长度大于 2 m 时,必须加设栏杆柱。接料平台两侧的栏杆,必须自上而下加挂安全立网或满扎竹笆。

5)当临边的外侧面临街道时,除设防护栏杆外,敞口立面必须满挂安全网或采取其他可靠措施作全封闭处理。

【技能要点 3】高处作业的安全防护要求

(1)单位工程施工负责人应对工程的高处作业安全技术负责并建立相应的责任制。施工前,应逐级进行安全技术教育及交底,落实所有安全技术措施并配备人身防护用品,未经落实时不得进行施工。

(2)施工中对高处作业的安全技术设施,发现有缺陷和隐患时,必须及时解决;危险人身安全的,必须停止作业。

(3)高处作业中的安全标志、工具、仪表、电气设施和各种设备,必须在施工前加以检查,确认其完好,方能投入使用。

(4)雨天和雪天进行高处作业时,必须采取可靠的防滑、防寒和防冻措施。有水、冰、霜时均应及时清除。对进行高处作业的高耸建筑物。应事先设置避雷设施。遇有 6 级以上大风、浓雾等恶劣气候,不得进行露天攀登与悬空高处作业,暴风雪及台风暴雨后,应对高处作业安全设施逐一加以检查,发现有松动、变形、损坏或脱落等现象,应立即修理完善。

(5)施工作业场所所有可能坠落的物件,应一律先行撤除或加以固定。

高处作业中所用的物料。均应堆放平稳,以保障通行和装卸。工具应随手放入工具袋;作业中的走道、通道板和登高用具,应随时清扫干净;拆卸下的物件及余料和废料均应及时清理运走,不得随意乱置或向下丢弃;传递物件禁止抛掷。

(6)防护棚搭设与拆除时,应设警戒区,并应派专人监护。严禁上下同时拆除。

(7)因作业必需,临时拆除或变动安全防护设施时,必须经施工负责人同意,并采取相应的可靠措施,作业后应立即恢复。

(8)高处作业的安全技术措施及其所需料具,必须列入工程的施工组织设计。

(9)攀登和悬空高处作业人员以及搭设高处作业安全设施的人员,必须经过专业技术培训及专业考试合格,持证上岗,并必须定期进行体格检查。

(10)高处作业中安全设施的主要受力杆件,力学计算按一般结构力学公式,强度及挠度计算按现行有关规范进行,但钢受弯构件的强度计算不考虑塑性影响,构造上应符合现行相应规范的要求。

【技能要点4】施工现场临时用电的要求

(1)电工及用电人员

1)临时用电工程应定期检查。并应复查接地电阻值和绝缘电阻值。

2)临时用电工程定期检查应按分部、分项工程进行,对安全隐患必须及时处理,并应履行复查验收手续。

3)安装、巡检、维修或拆除临时用电设备和线路,必须由电工完成,并应有人监护。电工等级应同工程的难易程度和技术复杂性相适应。

4)电工必须经过国家现行标准考核合格后,持证上岗工作;其他用电人员必须通过相关安全教育培训和技术交底,考核合格后方可上岗工作。

5)各类用电人员应掌握安全用电基本知识和所用设备的性能,并应符合下列要求。

①保管和维护所用设备,发现问题及时报告解决。

②移动电气设备时,必须经电工切断电源并做妥善处理后进行。

③暂时停用设备的开关箱必须分断电源隔离开关,并应关门上锁。

④使用电气设备前必须按规定穿戴和配备好相应的劳动防护用品,并应检查电气装置和保护设施,严禁设备带"缺陷"运转。

(2)电气设备防护

电气设备设置场所应能避免物体打击和机械损伤,否则应做防护处置;电气设备现场周围不得存放易燃易爆物、污源和腐蚀介质,否则应予清除或做防护处置,其防护等级必须与环境条件相适应。

第二节　钢筋工程质量验收标准

【技能要点1】一般规定

(1)当钢筋的品种、级别或规格需作变更时,应办理设计变更文件。

(2)在浇筑混凝土之前,应进行钢筋隐蔽工程验收,其内容包括:

1)纵向受力钢筋的品种、规格、数量、位置等。

2)钢筋的连接方式、接头位置、接头数量、接头面积百分率等。

3)箍筋、横向钢筋的品种、规格、数量、间距等。

4)预埋件的规格、数量、位置等。

【技能要点2】原材料验收标准

1.主控项目

(1)钢筋进场时．应按现行国家标准《钢筋混凝土用钢第2部

分:热轧带肋钢筋》(GB 14199.2—2007)等的规定抽取试件作力学性能检验,其质量必须符合有关标准的规定:

检查数量:按进场的批次和产品的抽样检验方案确定。

检验方法:检查产品合格证、出厂检验报告和进场复验报告。

(2)对有抗震设防要求的框架结构,其纵向受力钢筋应满足设计要求;当设计无具体要求时。对一、二级抗震等级,检验所得的强度实测值应符合下列规定。

1)钢筋的抗拉强度实测值与屈服强度实测值的比值不应小于1.25。

2)钢筋的屈服强度实测值与强度标准值的比值不应大于1.3。

检查数量:按进场的批次和产品的抽样检验方案确定。

检验方法:检查进场复验报告。

3)当发现钢筋脆断、焊接性能不良或力学性能显著不正常等现象时,应对该批钢筋进行化学成分检验或其他专项检验。

检验方法:检查化学成分等专项检验报告。

2.一般项目

钢筋应平直、无损伤,表面不得有裂纹、油污、颗粒状或片状老锈。

检查数量;进场时和使用前全数检查。

检验方法:观察。

【技能要点3】钢筋加工验收标准

(1)主控项目

1)受力钢筋的弯钩和弯折应符合下列规定:

①HPB235级钢筋末端应作180°弯钩,其弯弧内直径不应小于钢筋直径的2.5倍,弯钩的弯后平直部分长度不应小于钢筋直径的3倍。

②当设计要求钢筋末端需作135°弯钩时,HRB335级、HRB400级钢筋的弯弧内直径不应小于钢筋直径的4倍,弯钩的弯后平直部分长度应符合设计要求。

③钢筋做不大于90°的弯折时,弯折处的弯弧内直径不应小于

钢筋直径的5倍。

检查数量:按每工作班同一类型钢筋,同一加工设备抽查不应少于3件。

检验方法:钢尺检查。

2)除焊接封闭环式箍筋外,箍筋的末端应作弯钩,弯钩形式应符合设计要求,当设计无具体要求时,应符合下列规定。

①箍筋弯钩的弯弧内直径除应满足本规范的规定外,尚应不小于受力钢筋直径。

②箍筋弯钩的弯折角度:对一般结构,不应小于90°。对有抗震等级要求的结构,不应小于135°。

③箍筋弯后平直部分长度:对一般结构,不宜小于箍筋直径的5倍;对有抗震等级要求的结构,不应小于箍筋直径的10倍。

检查数量:按每工作班同一类型钢筋、同一加工设备抽查不应少于3件。

检验方法:钢尺检查。

(2)一般项目

1)钢筋调直宜采用机械方法,也可采用冷拉方法。当采用冷拉方法调直钢筋时,HPB235级钢筋的冷拉率不宜大于4%,HRB335级、HRB400级、RRB400级钢筋的冷拉率不宜大于1%。

检查数量:按每工作班同一类型钢筋,同一加工设备抽查不应少于3件。

检验方法:观察,钢尺检查。

2)钢筋,加工的形状、尺寸应符合设计要求,其偏差应符合表6—1规定。

表6—1　钢筋加工的允许偏差

项　目	允许偏差(mm)
受力钢筋顺长度方向全长的净尺寸	±10
弯起钢筋的弯折位置	±20
箍筋内净尺寸	±5

【技能要点4】钢筋连接验收标准

(1)主控项目

1)纵向受力钢筋的连接方式应符合设计要求。

检查数量:全数检查。

检验方法:观察。

2)在施工现场,应按国家现行标准《钢筋机械连接通用技术规程》(JGJ 107)、《钢筋焊接及验收规程》(JGJ 18)的规定抽取钢筋机械连接接头、焊接接头试件作力学性能检验,其质量应符合有关规程的规定。

检查数量:按有关规程确定。

检验内容;检查产品合格证、接头力学性能试验报告。

(2)一般项目

1)钢筋的接头宜设置在受力较小处。同一纵向受力钢筋不宜设置两个或两个以上接头。接头末端至钢筋弯起点的距离不应小于钢筋直径的10倍。

检查数量:全数检查。

检验方法:观察,钢尺检查。

2)在施工现场,应按国家现行标准《钢筋机械连接技术规程》(JGJ 107—2010)、《钢筋焊接及验收规程》(JGJ 18—2003)的规定对钢筋机械连接接头、焊接接头的外观进行检查,其质量应符合有关规程的规定。

检查数量:全数检查。

检验方法:观察。

3)当受力钢筋采用机械连接接头或焊接接头时,设置在同一构件内的接头宜相互错开。

纵向受力钢筋机械连接接头及焊接接头连接区段的长度为35d(d为纵向受力钢筋的较大直径)且不小于500 mm,凡接头中点位于该连接区段长度内的接头均属于同一连接区段。同一连接区段内,纵向受力钢筋机械连接及焊接的接头面积百分率为该区段内有接头的纵向受力钢筋截面面积与全部纵向受力钢筋截面面积的比值。

同一连接区段内，纵向受力钢筋的接头面积百分率应符合设计要求，当设计无具体要求时，应符合下列规定：

①在受拉区不宜大于50%。

②接头不宜设置在有抗震设防要求的框架梁端、柱端的箍筋加密区；当无法避开时，对等强度高质量机械连接接头不应大于50%。

③直接承受动力荷载的结构构件中，不宜采用焊接接头；当采用机械连接接头时，不应大于50%。

检查数量：在同一检验批内，对梁、柱和独立基础，应抽查构件数量的10%，且不少于3件；对墙和板，应按有代表性的自然间抽查10%，且不少于3间，对大空间结构，墙可按相邻轴线间高度5 m左右划分检查面，板可按纵、横轴线划分检查面，抽查10%，且均不少于3面。

检验方法：观察，钢尺检查。

4)同一构件中相邻纵向受力钢筋的绑扎搭接接头宜相互错开。绑扎搭接接头中钢筋的横向净距不应小于钢筋直径，且不应小于25 mm。

钢筋绑扎搭接接头连接区段的长度为$1.31L_a$(L_a为搭接长度)，凡搭接接头中点位于该连接区段长度内的搭接接头均属于同一连接区段。同一连接区段内，纵向钢筋搭接接头面积百分率为该区段内有搭接接头的纵向受力钢筋截面面积与全部纵向受力钢筋截面面积的比值，如图6—1所示。

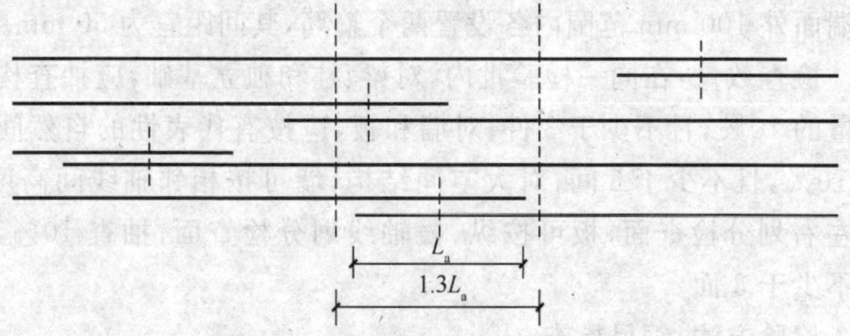

图6—1 钢筋绑扎搭接接头连接区段及接头面积百分率

同一连接区段内，纵向受拉钢筋搭接接头面积百分率应符合设计要求，当设计无具体要求时，应符合下列规定

①对梁类、板类及墙类构件，不宜大于25%。

②对柱类构件，不宜大于50%。

③当工程中确有必要增大接头面积百分率时，对梁类构件，不应大于50%；对其他构件，可根据实际情况放宽。

纵向受力钢筋绑扎搭接接头的最小搭接长度应符合《混凝土结构工程施工质量验收规范》(GB 50204—2002)附录B的规定。

检查数量：在同一检验批内，对梁、柱和独立基础，应抽查构件数量的10%，且不少于3件；对墙和板，应按有代表性的自然间抽查10%，且不少于3间；对大空间结构，墙可按相邻轴线间高度5 m左右划分检查面，板可按纵、横轴线划分检查面，抽查10%，且均不少于3面。

检验方法：观察，钢尺检查。

5)在梁、柱类构件的纵向受力钢筋搭接长度范围内，应按设计要求配置箍筋。当设计无具体要求时，应符合下列规定：

①箍筋直径不应小于搭接钢筋较大直径的0.25倍。

②受拉搭接区段的箍筋间距不应大于搭接钢筋较小直径的5倍，且不应大于100 mm。

③受压搭接区段的箍筋间距不应大于搭接钢筋较小直径的10倍，且不应大于200 mm。

④当柱中纵向受力钢筋直径大于25 mm时，应在搭接接头两个端面外100 mm范围内各设置两个箍筋，其间距宜为50 mm。

检查数量：在同一检验批内，对梁、柱和独立基础，应抽查构件数量的10%，且不少于3件；对墙和板，应按有代表性的自然间抽查10%，且不少于3间；对大空间结构，墙可按相邻轴线间高度5 m左右划分检查面，板可按纵、横轴线划分检查面，抽查10%，且均不少于3面。

检验方法：钢尺检查。

【技能要点5】钢筋安装验收标准

(1)主控项目

钢筋安装时,受力钢筋的品种、级别、规格和数量必须符合设计要求。

检查数量;全数检查。

检验方法:观察,钢尺检查。

(2)一般项目

钢筋安装位置的偏差应符合表6—2的规定。

表6—2　钢筋安装位置的允许偏差和检验方法

项目			允许偏差(mm)	检验方法
绑扎钢筋网	长、宽		±10	钢尺检查
	网眼尺寸		±20	钢尺量连续三挡,取最大值
绑扎钢筋骨架	长		±10	钢尺检查
	宽、高		±5	钢尺检查
受力钢筋	间距		±10	钢尺量两端、中间各一点,取最大值
	排距		±5	
	保护层厚度	基础	±10	钢尺检查
		柱、梁	±5	钢尺检查
		板、墙、壳	±3	钢尺检查
绑扎箍筋、横向钢筋间距			±20	钢尺量连续三挡,取最大值
钢筋弯起点位置			20	钢尺检查
预埋件	中心线位置		5	钢尺检查
	水平高差		+3.0	钢尺和塞尺检查

注:1. 检查预埋件中心线位置时,应沿纵、横两个方向量测,并取其中的较大值;

2. 表中梁类、板类构件上部纵向受力钢筋保护层厚度的合格点率应达到90%及以上,且不得有超过表中数值1.5倍的尺寸偏差。

检查数量,在同一检验批内,对梁、杆和独立基础,应抽查构件数量的10%,且不少于3件;对墙和板,应按有代表性的自然间抽查10%,且不少于3间;对大空间结构,墙可按相邻轴线间高度5m左右划分检查面,板可按纵、横轴线划分检查面,抽查10%,且均不少于 3 面。

第三节　钢筋加工机械安全操作技术

【技能要点 1】钢筋调直切断机安全操作技术

(1)电源及工具安全守则

1)保持工作场地及工作台清洁,否则会引起事故。

2)不要使电源或工具受雨淋,不要在潮湿的场合工作,要确保工作场地有良好的照明。

3)勿使小孩接近,应禁止闲人进入工作场地。

4)工具使用完毕,应放在干燥的高处以免被小孩拿到。

5)不要使工具超负荷运转,必须在适当的转速下使用工具,确保安全操作。

6)要选择合适的工具,勿将小工具用于需用大工具加工的工件上。

7)穿专用工作服,勿使任何物件掉进工具运转部位;在室外作业时,穿戴橡胶手套及胶鞋。

8)始终配戴安全眼镜,切削屑尘多时应带口罩。

9)不要滥用导线,勿拖着导线移动工具。勿用力拉导线来切断电源;应使导线远离高温、油及尖锐的东西。

10)操作时,勿用手拿着工件,工件应用夹具或台钳固定住。

11)操作时要脚步站稳,并保持身体姿势平衡。

12)工具应妥善保养,只有经常保持锋利、清洁才能发挥其性能;应按规定加注润滑剂及更换附件。

13)更换附件、砂轮片、砂纸片时必须切断电源。

14)开动前必须把调整用键和扳手等拆除下来。为了安全必须养成此习惯,并严格遵守。

15)谨防误开动。插头一旦插进电源插座,手指就不可随便接触电源开关。插头插进电源插座之前,应检查开关是否已关上。

16)不要在可燃液体、可燃气体存放之处使用此设备,以防开关或操作时所产生的火花引起火灾。

17)室外操作时,必须使用专用的延伸电缆。

(2)其他重要的安全守则

1)确认电源:电源电压应与铭牌上所标明的一致,在工具接通电源之前,开关应放在“关”(OFF)的位置上。

2)在工具不使用时,应把电源插头从插座上拔下。

3)应保持电动机的通风孔畅通及清洁。

4)要经常检查工具的保护盖内部是否有裂痕或污垢,以免由此而使工具的绝缘性能降低。

5)不要莽撞地操作设备,撞击会导致其外壳的变形、断裂和破损。

6)手上沾水时请勿使用工具。勿在潮湿的地方或雨中使用,以防漏电。如必须在潮湿的环境中使用时,请戴上长橡胶手套和穿上防电胶鞋。

7)要经常使用砂轮保护器。

8)应使用人造树脂凝结的砂轮,打磨时应使用砂轮的适当部位,并确保砂轮没有缺口或断裂。

9)要远离易燃物或危险品,避免打磨时的火花引起火灾,同时注意勿让人体接触火花。

10)必须使用铭牌所示圆周速度以 300 rad/min 以上规格的砂轮。

(3)安全操作要点

1)料架、料槽应安装平直,对准导向筒、调直筒和下切刀孔的中心线。

2)用手转动飞轮,检查传动机构和工作装置,调整间隙,紧固螺栓,确定正常后起动空运转;检查轴承应无异响,齿轮啮合良好,待运转正常后方可作业。

3)按所调直钢筋的直径,选用适当的调直块及传动速度,经调试合格方可送料。

4)在调直块未固定、防护罩未盖好前不得送料。作业中,严禁打开各部防护罩及调整间隙。

5)当钢筋送入后,手与曳引轮必须保持一定距离,不得接近。

6)送料前应将不直的料切去,导向筒前应装一根1m长的钢管,钢筋必须先穿过钢管,再送入调直机前端的导孔内。

7)作业后,应松开调直筒的调直块并回到原来的位置,同时预压弹簧必须回位。

【技能要点2】钢筋切断机安全操作技术

(1)接送料工作台面应与切刀下部保持水平,工作台的长度可根据加工材料的长度决定。

(2)起动前必须检查切刀,刀体上应该没有裂纹;还要检查刀架螺栓是否已紧固,防护罩是否牢靠。然后用手盘动带轮,检查齿轮啮合间隙,调整切刀间隙。

(3)起动后要先空运转,检查各传动部分及轴承,确认运转正常后方可作业。

(4)机械未达到正常转速时不得切料。切料时必须使用切刀的中下部位,紧握钢筋对准刃口迅速送入。

(5)不得剪切直径及强度超过机械铭牌规定的钢筋,也不得剪切烧红的钢筋。一次切断多根钢筋时,钢筋的总截面积应在规定范围内。

(6)在切断强度较高的低合金钢钢筋时,应换用高硬度切刀。一次切断的钢筋根数随直径大小而不同,应符合机械铭牌的规定。

(7)切断短料时,手与切刀之间的距离应保持150 mm以上,如手握端小于400 mm时,应使用套管或夹具将钢筋短头压住或夹牢。

(8)运转中,严禁用手直接清除切刀附近的断头或杂物。在钢筋摆动周围和切刀附近,非操作人员不得停留。

(9)发现机械运转不正常,有异响或切刀歪斜情况发生,应立即停机检修。

(10)作业后要用钢刷清除切刀间的杂物,进行整机清洁保养。

【技能要点3】钢筋弯曲机安全操作技术

(1)工作台与弯曲机台面要保持水平,并要准备好各种芯轴及工具。

(2)按所加工钢筋的直径和要求的弯曲半径装好芯轴、成形轴、挡铁轴或可变挡架。

(3)检查芯轴、挡铁、转盘，它们应该没有损坏和裂纹，而且防护罩应紧固可靠，经空运转确认后，才可以进行作业。

(4)作业时，将钢筋需弯的一头插在转盘固定销的间隙内，另一端紧靠机身固定销，并用手压紧，检查机身固定销子确实安在挡住钢筋的一侧，方可开动。

(5)作业中严禁更换芯轴、销子和变换角度以及调速等，亦不得加油或清扫。

(6)弯曲钢筋时，严禁超过本机规定的钢筋直径、根数及机械转速。

(7)弯曲较高强度的低合金钢钢筋时，应按机械铭牌规定换算最大限制直径并调换相应的芯轴。

(8)严禁在弯曲钢筋的作业半径内和机身不设固定销的一侧站人。弯曲好的半成品应堆放整齐，弯钩不得朝上。

(9)若要作转盘换向，必须在停稳后进行。

【技能要点 4】钢筋冷拉设备安全操作技术

(1)卷扬机的型号和性能要经过合理选用，以适应被冷拉钢筋的直径大小。卷扬钢丝绳应经封闭式导向滑轮并与被拉钢筋方向垂直。卷扬机的位置必须使操作人员能见到全部冷拉场地。

(2)应在冷拉场地的两端地锚外侧设置警戒区，警戒区装有防护栏杆并设有警告标志。严禁与施工无关的人员在警戒区停留。作业时，操作人员所在的位置必须远离被拉钢筋 2 m 以外。

(3)用配重控制的设备必须与滑轮匹配，并有指示起落的记号，如要没有记号就应有专人指挥。配重筐提起时高度应限制在离地面 300 mm 以内；配重架四周应有栏杆及警告标志。

(4)作业前，应检查冷拉夹具，夹齿必须完好，滑轮、拖拉小车应润滑灵活，拉钩、地锚及防护装置均应齐全牢固，确认良好后方可进行作业。

(5)卷扬机操作人员必须在看到指挥人员发出的信号,并待所有人员都离开危险区后方可作业。冷拉应缓慢均匀地进行,随时注意停车信号;如果见到有人进入危险区,应立即停拉,并稍稍放松卷扬钢丝绳。

(6)用以控制冷拉力的装置必须装设明显的限位标志,并要有人负责指挥。

(7)夜间工作的照明设施应设在冷拉危险区外。如果必须装设在场地上空时,它的高度应离地面 5 m 以上;灯泡应加防护罩,不得用裸线作为导线。

(8)冷拉作业结束后,应放松卷扬钢丝绳,落下配重,切断电源,锁好开关箱。

参考文献

[1] 中华人民共和国住房和城乡建设部. GB 50204—2002 混凝土结构工程施工质量验收规范[S]. 北京：中国建筑工业出版社，2002.

[2] 中华人民国家质量监督检验检疫总局，等. GB 1499.1—2008 钢筋混凝土用钢 第1部分：热轧光圆钢筋[S]. 北京：中国标准出版社，2008.

[3] 中华人民国家质量监督检验检疫总局，等. GB 1499.2—2007 钢筋混凝土用钢 第2部分：热轧带肋钢筋[S]. 北京：中国标准出版社，2007.

[4] 中华人民国家质量监督检验检疫总局，等. GB 13014—91 钢筋混凝土用余热处理钢筋[S]. 北京：中国标准出版社，1991.

[5] 中华人民国家质量监督检验检疫总局，等. GB 13788—2008 冷轧带肋钢筋[S]. 北京：中国标准出版社，2008.

[6] 中华人民国家质量监督检验检疫总局，等. GB/T 5223—2002 预应力混凝土用钢丝[S]. 北京：中国标准出版社，2002.

[7] 中华人民国家质量监督检验检疫总局，等. GB/T 5224—2003 预应力混凝土用钢绞线[S]. 北京：中国标准出版社，2003.

[8] 中华人民国家质量监督检验检疫总局，等. JG 190—2006 冷轧扭钢筋[S]. 北京：中国标准出版社，2006.

[9] 建筑施工手册编写组. 建筑施工手册(缩印本)[M]. 第4版. 北京：中国建筑工业出版社，2003.

[10] 吴成材，等. 钢筋连接技术手册[M]. 第2版. 北京：中国建筑工业出版社，2005.

参考文献

[1] [illegible] GB 50204—[illegible] [illegible][S]. [illegible]: 中国建筑工业出版社, [illegible].

[2] [illegible]

[3] [illegible]

[4] [illegible] 北京: 中国标准出版社, [illegible].

[5] [illegible] 北京: 中国标准出版社, 2002.

[6] [illegible] 北京: 中国标准出版社, [illegible].

[7] [illegible]

[8] [illegible]

[9] [illegible]

[10] [illegible]